U0142895
凝煉知識品味閱讀

R&D Project Management Body of Knowledge

研發專案管理知識體系

美國專案管理學會(APMA)證照認證適用

魏秋建 教授 著

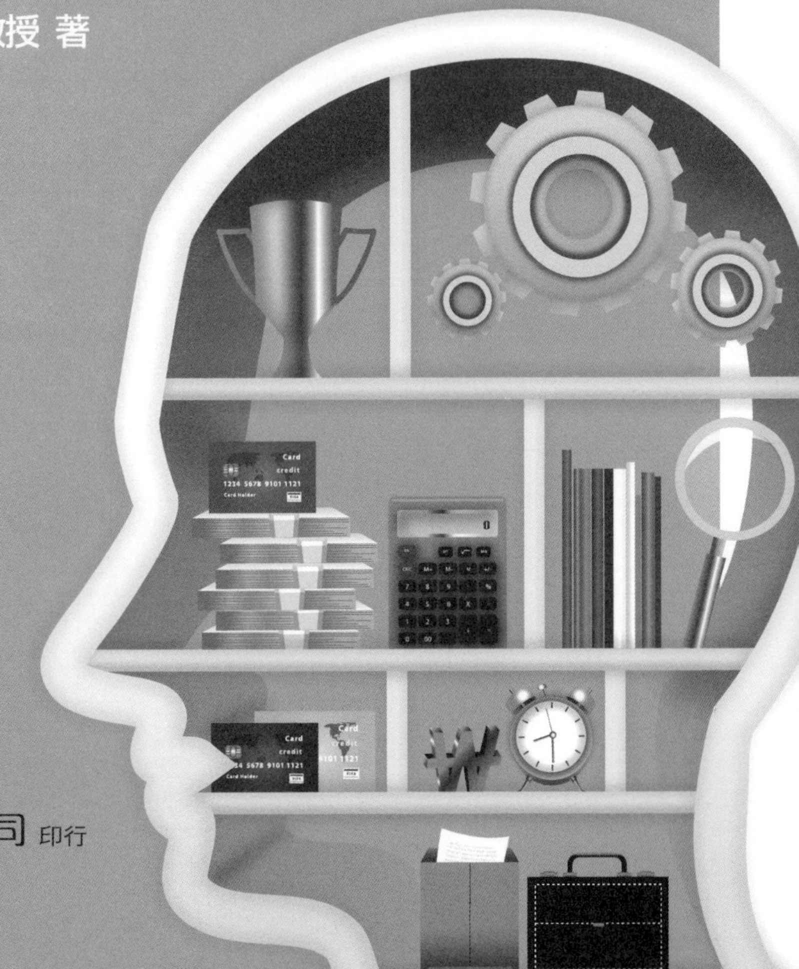

五南圖書出版公司 印行

作者序

企業在全球化的激烈競爭之下，要生存發展甚至永續經營，必須快速的推出創新的產品和服務，才能拉大幅度甩開對手。也唯有創新產品和服務，才能避開紅海的廝殺糾纏，創造無人競爭的藍海市場，以獨特的價值取得客戶的青睞。也因為這樣的趨勢，近幾年來，創意和創新課程在許多大學裡被熱烈推廣，這是一個可喜的現象。但是從企業的角度來看，建立一個完整的研發管理制度，能夠系統化的取得產品和服務的概念，快速的完成產品和服務的開發，然後準時將產品和服務推出上市，是更為迫切需要解決的課題，也是企業必須迅速建立的核心能力。但是傳統的產品研發思維，主要著重在產品的開發階段，而且和它之前的產品概念階段，以及之後的產品上市階段之間，在管理制度上並沒有做很好的銜接和連結。為了彌補這樣的缺點，本書將產品概念、產品開發和產品上市，串聯成一個完整的知識體系，並且結合專案管理的手法，整合成為『研發專案管理知識體系』。如果配合研讀『一般專案管理知識體系』，讀者可以迅速了解研發專案管理的架構、流程、步驟和方法，大幅提升產品研發管理的能力。另外，本書是美國專案管理學會 (APMA, American Project Management Association) 的研發專案經理證照 (Certified R&D Project Manager) 認證用知識體系。

本書之撰寫作者已力求嚴謹，專家學者如果發現有任何需要精進之處，敬請不吝指教。

魏秋建

a0824809@gmail.com

2013/6/20

Contents

Part 1

研發專案管理知識體系

Contents

Part 2

研發專案管理知識領域

Part 1

研發專案管理知識體系

R&D Project Management Body of Knowledge

研發概念

全球化的競爭迫使企業不得不從組織面、從產品面、從服務面、從策略面、從市場面以及其他各種可行方向去創新求變，以期領先對手進而永續經營。而其中最快速、最有效的方法，應該是新產品 (product) 和新服務 (service) 的創新和發展，而且如果創新的程度越高，領先對手的幅度就越大，領先對手的時間也越長。當然企業要研發出突破型 (breakthrough) 和殺手級 (killer product) 的產品和服務，研發成本的相對投入也會比較高，有些時候，甚至需要和其他企業一起合作研發產品 (collaborative product development)，稱為開放式創新 (open innovation) 或分散式創新 (distributed innovation)。

然而，面對越來越激烈的產業競爭，企業如何挖掘最有利基的產品概念，組成最有戰力的研發團隊，運用最好的研發管理模式，在最短的時間內，將最符合客戶需求的產品推出上市，將是企業能否永續經營的最主要關鍵。圖 1.1 是研發管理過程的一個簡單示意圖，圖中從左邊的產品需求開始，到右邊的產品成功推出上市為止，整個過程的順暢進行就是研發管理的主要任務。需求和產品在橫座標上的差距，是研發過程的總時程；在縱座標上的差距，則是研發產品的創新程度。企業競爭優勢的來源，就是思考如何能拉大創新程度，另一方

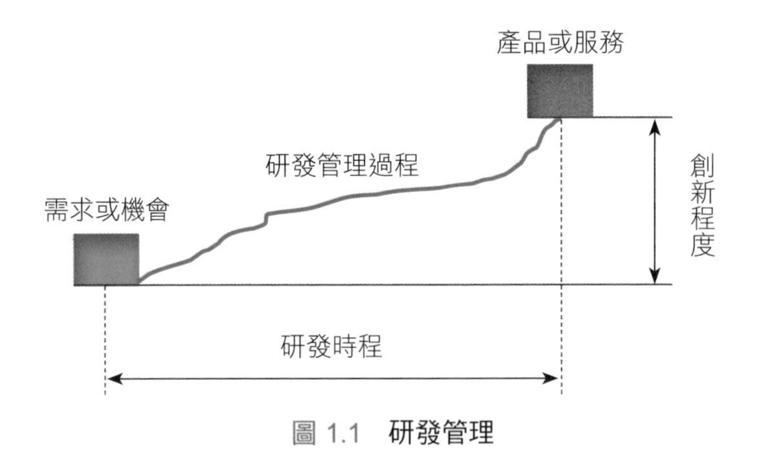

圖 1.1 研發管理

面又能縮短研發時程，稱為快速創新 (fast innovation)。而達成這種研發管理高度成熟的先決條件，是企業必須要有非常完善的研發管理制度 (product development process)。

本知識體系雖然是以研發新產品或新服務的角度去編撰，但是也適用於現有產品或服務的改良。另外，本書撰寫的重點是企業的實體性產品的研發，包括工業產品和消費產品，但是大多數的架構和方法，也同時適合於企業的服務性產品的研發。只是和實體性產品比起來，服務性產品的最大特點是 4 個 I：(1) 不可觸摸性 (intangible)：服務沒有實體；(2) 個人化 (individualized)：服務品質決定於個人感受；(3) 不可切割性 (insaperable)：服務的完成是一連串人員接觸客戶的共同結果；(4) 瞬間性 (instantenous)：客戶在當下馬上對服務的好壞做出判斷。以下說明幾個和研發管理有關的名詞：

研究 (Research)	研究是指發現和產品或服務有關的知識。
發展／開發 (Development)	發展／開發則是應用上述知識去創造或改善符合市場需求的產品或服務。

客戶 (Customer)	客戶是指購買或是使用產品或服務的人。
使用者 (Users)	使用者是指使用產品或服務的人，不管他 (她) 是不是產品或服務的購買者。
購買者 (Buyer)	購買者是指購買產品或服務的人，不管他 (她) 是不是產品的最終使用者。
消費者 (Consumer)	消費者是企業產品或服務銷售對象的總稱，它可能是代表目前的客戶、對手的客戶、或是那些尚未購買，但是具有類似需求的人，只有部份的消費者會變成客戶。
品牌 (Brand)	品牌是指和其他產品或服務做明顯區隔的產品名稱、設計、符號、或是其他特徵。法律上的正式名詞稱為商標 (trademark)。品牌的相對好壞可以透過品牌發展指標 (brand development index) 來衡量，它是某地區產品銷售量和總人口數的比值。
智慧財產權 (Intellectual Property)	智慧財產權是指可以提供企業競爭優勢的資訊、知識、技術等。

1.1 產品研發策略

產品研發策略 (product development strategy) 是企業研發產品的源頭，也是企業研發產品和服務的一個引導架構，它可以促進產品研發的成功，並做為企業經營策略和產品開發的橋樑。好的產品研發策略強調預測未來的市場需求和技術變化，主動性的規劃可以為企業帶來競爭優勢的產品。產品研發策略的目的是定義企業希望研發的產品種類，定義如何和對手的產品做區隔，定義如何引用新技術到這個產品，以及定義研發產品的先後順序。

產品研發策略的制定必須考慮到企業本身的能力、競爭者的能力、市場的需求以及財務的狀況等等。另外值得注意的是，產品研發策略的制定是一個管理上的議題，也就是好的產品研發策略「制定流程」，可以產出比較好的產品研發策略。圖 1.2 為產品研發策略的架構圖，包括最上層的產品策略願景、產品平台策略、產品線策略、一直到最底層的新產品開發。從另一個角度來看，產品研發策略也可以分為以下幾種：(1) 客戶導向研發策略 (customer driven)：以滿足客戶需求為主要考量，強調產品的品質和客戶關係，通常由銷售及市場背景人員主導研發；(2) 競爭導向研發策略 (competition driven)：以緊跟競爭對手為主要考量，強調市場佔有率和週期時間 (cycle time)，通常由作業管理背景人員主導研發；(3) 技術導向研發策略 (technology driven)：以追求技術領先為主要考量，強調技術創新是競爭優勢的來源，通常由技術背景人員主導研發；(4) 資源導向研發策略 (resource

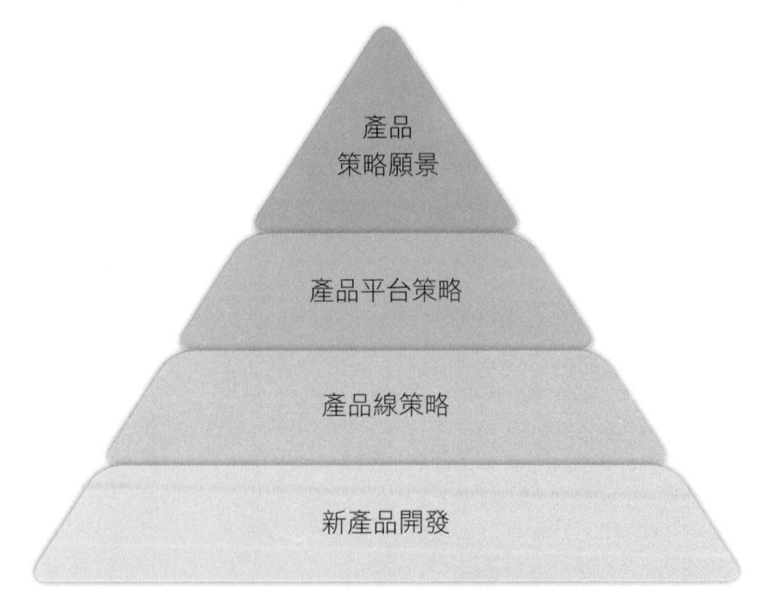

圖 1.2　產品研發策略架構

driven)：以資源需求為主要考量，強調標竿學習 (benchmarking)，通常由財務背景人員主導研發；(5) 文化導向研發策略 (culture driven)：以順應組織文化為主要考量，強調組織的過去歷史，通常由銷售及市場背景人員主導。

不同的產品研發策略會產生不同的產品創新成果，分別為：(1) 漸進式創新 (incremental product)：產品局部的改善；(2) 獨特性創新 (distinctive product)：產品顯著的改進；(3) 突破性創新 (breakthrough product)：產品使用完全不同的技術。如果是研發突破性的產品，因為技術及市場不確定性相對比較高，一般認為研發過程必須非常有彈性，包括時程的安排、資源的調配、甚至是目標的制定。此外，突破性研發的專案管理方式也應該和其他產品有所區別，尤其是技術研發和平台研發專案，一般稱為迅捷式專案管理 (agile project management)。總括來說，產品研發策略的總體表現就是企業希望自己成為：(1) 領導者 (prospector)；(2) 跟隨者 (follower)；(3) 防禦 (defender)；或 (4) 反應者 (reactor)。

產品策略願景 (product strategy vision)	產品策略的制定必須先要有一個清楚提供方向的策略願景 (strategy vision)，它要能夠說明企業的未來目標、達成方法以及為何可以成功。
產品平台策略 (product platform strategy)	產品平台策略定義產品研發的共同技術架構以及發展方式。當企業內部有好幾種產品使用類似技術的時候，特別需要產品平台策略。個人電腦的產品平台策略是指微處理器 (microprocessor) 加上操作系統 (operating system)。例如：Apple Macintosh 及 Intel/Windows。

產品線策略 (product line strategy)	產品線策略是一個產品研發順序的計劃，它決定產品的發展和上市順序。如果市場狀況、競爭對手或可用資源發生變動，可以調整產品線策略。
新產品開發 (new product development)	根據產品線策略進行新產品的研發。

1.2 產品生命週期

產品生命週期是指產品從推出上市到退出市場的整個過程，這個過程對不同產業的產品或許稍有差異，但是一般來說，都可以分成五大階段，也就是上市 (introduction stage)、成長 (growth stage)、成熟 (maturity stage)、衰退 (decline stage) 和淘汰 (fadeout stage)。上市階段是產品剛剛推出，所以多數消費者不是不知道產品，就是因為還沒有口碑所以保持觀望，只有少數願意嘗試新產品的客戶購買。一段時間之後，經由廣告宣傳，越來越多的人知道產品，因此銷售量逐漸增加，但是也引起同業者的加入競爭。產品在某個時間之後，銷售量進入穩定狀態，不再如先前的快速增加，此時產品進入成熟期。接著因為競爭以及新產品的出現，導致現有產品的銷售量滑落，產品因而進入衰退期。最後因為維持產品的成本支出大於利潤，產品不得不停止生產。由產品的生命週期可以知道，企業如果要極大化新產品的利潤，就必須加速產品的成長期，延長產品的成熟期，和延緩產品的衰退期。圖 1.3 為產品生命週期示意圖。

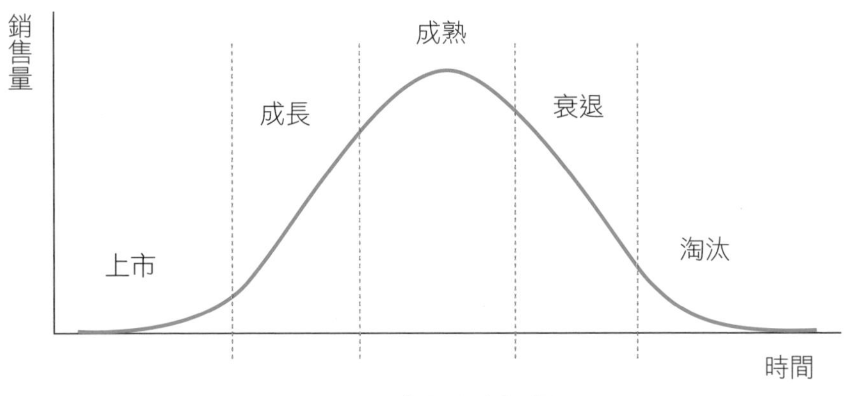

圖 1.3　**產品生命週期**

上市	產品在這個階段推出上市，主要重點在廣告宣傳，以獲得市場最高程度的注意，大約 2.5% 的搶鮮客戶 (early adopters) 會在這個階段購買產品。
成長	產品在這個階段獲得更多的青睞，主要現象有銷售量的快速增加、既有客戶的重複購買、以及競爭者的出現。大約 13.5% 的早期少數客戶 (early minority) 在這個階段購買產品。
成熟	產品在這個階段達到穩定狀態，因為銷售量不再顯著增加，而且開始有競爭者退出市場，大約 68% 的客戶，包括 34% 的早期多數客戶 (early majroity) 和 34% 的晚期多數客戶 (late majority) 在這個階段購買產品。
衰退	產品銷售量在這個階段逐漸衰退，新的產品在市場上開始出現，大約 16% 的落後客戶 (laggards) 在這個階段購買產品。
淘汰	產品幾乎沒有顧客購買，銷售利潤無法應付支出，因此停止生產退出市場。

1.3 產品組合管理

產品組合管理(product portfolio management)是希望在資源有限的情況下，找出一組最值得投資的產品，讓企業的整體綜合效益最大。它有三個主要目的：(1) 極大化產品組合的獲利；(2) 平衡不同產品專案的投資；(3) 支援企業的策略目標。產品組合管理是企業高階管理層的責任，一般稱為產品發展委員會 (product development committee)，他們定期對產品組合的相關問題做出決策。產品組合管理的通常做法，首先應該制定產品的策略，包括市場策略、目標客戶、產品定位等；其次是了解有多少資源可以用在組合管理；最後是評估每個產品的獲利性、投資額、風險等因素。三個步驟的權重依企業目標而有不同，一般必須同時考量組合管理對研發專案契合企業目標的程度進行排序，然後配合篩選機制，終止研發價值比較差的專案，代之以比較能提供貢獻產品組合的專案，這個過程稱為研發流量管理 (pipeline management)。圖 1.4 為產品組合管理示意圖。

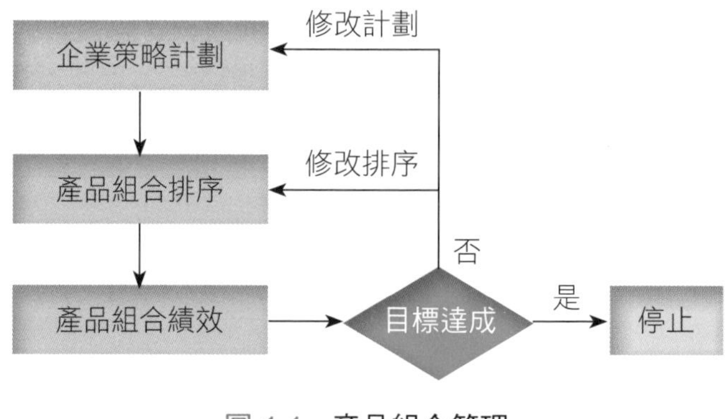

圖 1.4　產品組合管理

企業策略計劃	企業在未來幾年內的產品銷售目標，預定投入的研發預算和研發人員。
產品組合排序	依照企業的評估方式，所排出來的產品組合投資順序。常用的排序方法有： 1. 評分法 (scoring)：指定項目及權重，然後評分乘上權重加總，總分最高者排序在前。 2. 研發生產力指標 (DPI, development productivity index)：計算公式如下，其中 NPV 為淨現值，DPI 高者排序在前。 $DPI=\frac{(NPV)(成功率)}{研發成本}$ 也可以直接使用 NPV 除以所需成本。 評估產品組合可以使用泡泡圖 (bubble diagram) 來協助，它是以產品 NPV 和成功率所畫出來的圖形。圖 1.5 為其範例圖。

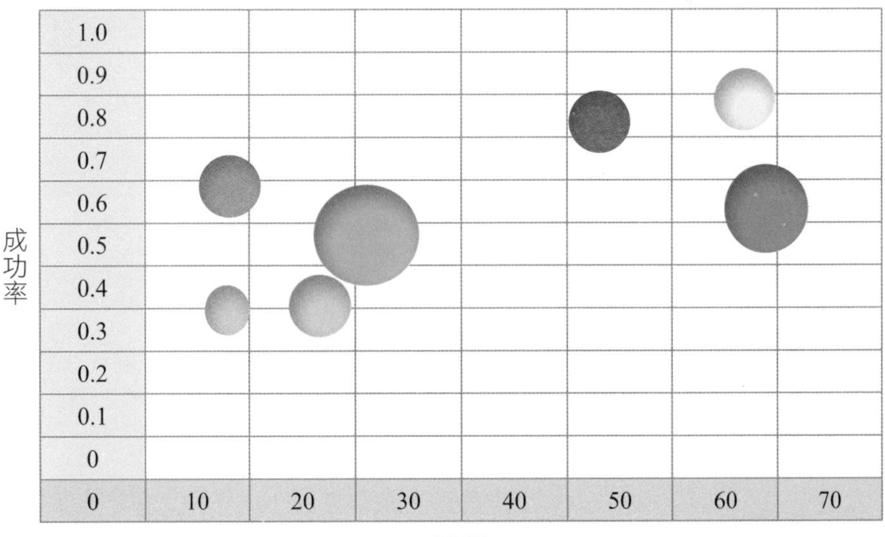

圖 1.5　產品組合泡泡圖

產品組合績效	產品組合內產品研發專案定期的成本花費、銷售額及利潤等績效。

1.4 研發管理與專案管理

產品研發的整個過程是一個標準的專案，因為它具有專案的獨特和短暫雙重特性，而且研發過程需要控制預算、管制時程、掌握品質、統合人力、規避風險等等、因此必須應用專案管理的知識和手法來管理產品的研發，才能獲得事半功倍的效果。特別是產品的研發速度和競爭優勢的取得息息相關，一個好的研發專案管理過程，絕對是產品成功上市的關鍵因素。研發管理和專案管理的關係可以用表 1.1 來說明。

表 1.1 研發管理與專案管理的關係

		專案管理				
		發起	規劃	執行	控制	結束
研發管理	產品概念			機會辨識 機會分析 構想產生 構想選擇 概念定義		
研發管理	產品開發			概念設計 系統分析 初步設計 細部設計 原型製作	產品測試	
研發管理	產品上市		上市規劃 廣告規劃 通路規劃	廣告宣傳 人員訓練 產品銷售	銷售評估	

由表中可以發現，產品概念階段的五大步驟全部落在專案執行階段，產品開發階段的六大步驟，有五個落在專案執行階段，只有產品測試屬於專案控制階段的工作。產品上市階段的七大步驟，有三個在專案規劃階段實施，另外各有三個及一個在專案執行階段和專案控制階段執行。值得強調的是本知識體系著重在產品研發過程的管理，啟動產品研發專案的可行性分析以及研發專案的授權書，應該在專案管理層面已經解決，因此不在本知識體系討論的範圍，詳細請參閱《一般專案管理知識體系》一書。

Chapter 2

研發管理架構

傳統上，企業的產品研發管理大多數是依據過去的經驗，而沒有一套完整的管理流程和管理方法，少數企業即使有應用一些手法，通常只是片段技術的強調和應用而已。這樣的產品研發方式，在過去區域競爭的時代，或許還可以應付市場的需求。但是在全球競爭的今天，如果企業希望用最快的速度，推出最好的產品，就非得有完備的研發制度和管理模式不可。特別是產品研發具有高度的不確定性，沒有方法的盲目摸索，會讓企業推出具有競爭力產品的夢想遙不可及。另外，因為研發人員的專業性和獨立性，企業內部如果沒有一套完整的研發管理架構，來整合所有參與人員的思維和行為模式，研發過程就很容易淪為解決溝通協調問題，而不能發揮研發團隊的整體力量。

圖 2.1 為研發專案管理 (R&D project management) 的管理架構。圖中左邊是研發專案的目標，例如開發一個產品在未來三年，每年產生三千萬美元的效益。圖的中間上半部是研發專案管理的流程，包括產品概念 (product concept)、產品開發 (product development)、和產品上市 (product commercilization) 三大階段，這個流程可以引導研發步驟的展開和進行。圖的中間下半部是企業要做好研發專案管理必須要有的基礎架構 (infrastructure)。首先企業要有堅強的研發團隊

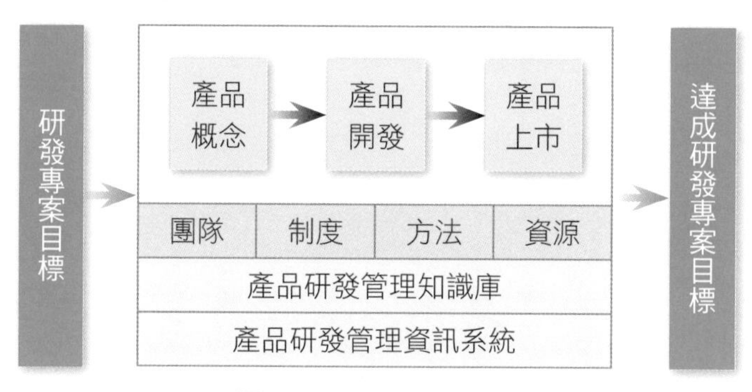

圖 2.1　研發管理架構

(team)，而且所有團隊成員必須具備研發專案管理的知識、能力和經驗。其次是企業必須要有一套完整的研發專案管理制度 (R&D project management system)，以做為研發團隊的行為依據，並確保研發過程進行的井然有序。再來是企業必須要設計和選用好適當的研發專案管理手法和工具，以便成員能夠順利完成責任和使命。最後一項是企業要投入適當的研發資源，才能期望研發團隊創造出領先對手的產品。這四項的下方是研發專案管理的知識庫和管理資訊系統。研發專案管理知識庫可以保留和累積研發過程的經驗、教訓和最佳實務 (best practice)，是企業最寶貴和不可或缺的資產。研發專案管理資訊系統則是可以提高研發專案管理的效率，尤其是企業國際化之後，這樣的管理資訊系統可以整合跨國企業的研發專案管理，讓企業的研發活動在 24 小時內持續進行不會中斷，可以大幅提升企業的研發能力 (core competence) 和競爭優勢。如果企業具備了嚴密的研發專案管理流程和厚實的基礎架構，就可以形成優於對手的產品研發文化 (corporate culture)，那麼圓滿達成圖 2.1 右邊的研發專案目標，就會輕而易舉不是夢想。

研發專案目標	由客戶或研發專案發起人指定給研發團隊，並且符合企業策略方向的研發專案管理目標。研發專案目標必須符合以下五點，簡稱為 SMART： 1. 明確 (specific)。 2. 可衡量 (measurable)。 3. 可達成 (achievable)。 4. 結果導向 (results-oriented)。 5. 有期限 (time-bound)。
達成研發專案目標	研發產品符合客戶需求，而且所有關係人都滿意研發團隊的表現。
產品概念	在產品設計之前，進行各種市場調查，來獲知客戶需求的過程，它是產品研發的第一個階段。
產品開發	客戶需求知道之後，再透過設計人員將產品概念具體化成產品的過程，它是產品研發的第二個階段。
產品上市	產品設計出來之後，經由市場行銷人員將產品推出上市的過程，它是產品研發的第三個階段。
團隊	所有研發管理及技術成員，包括專案經理及其他全職或兼職的研發人員，甚至是散佈在各處的虛擬團隊成員。
制度	執行研發活動所需要的研發組織和研發流程。研發制度的好壞可以透過研發專案管理成熟度的方式來評估。
方法	執行研發活動可以使用的方法和工具。

資源	完成研發活動所需要的人力、資金、材料、設備等等。
產品研發管理知識庫	可以儲存研發管理知識的電腦化管理系統。
產品研發管理資訊系統	可以進行跨部門、跨企業甚至跨國研發專案管理和溝通的電腦化資訊系統，它可以提升研發專案管理的效率和及時性。研發專案管理資訊系統有時又稱為非同步群體協同軟體 (asynchronous groupware)。

Chapter

3

研發管理流程

研發管理從概念取得到產品上市的過程，在不同的企業雖然不盡相同，但是主要的內涵卻是大同小異，基本上都可以歸納成為三個主要階段，即 (1) 產品概念 (product concept)；(2) 產品開發 (product development)；及 (3) 產品上市 (product commercialization)。有的企業把這三個階段再展開成五個、七個甚至更多的執行項目，其主要目的是想強調研發過程中的重點步驟。例如：(1) 概念產生(generating ideas)；(2) 概念篩選 (screening ideas)；(3) 概念測試 (testing ideas)；(4) 分析專案源由 (conducting business analysis)；(5) 產品開發 (product development)；(6) 市場測試 (test market)；(7) 產品上市 (commercilization)。或是：(1) 挖掘 (discovery)；(2) 範圍定義 (scoping)；(3) 制定專案源由 (build business case)；(4) 發展 (development)；(5) 測試及驗證 (testing and validation)；(6) 上市 (launch)。有的企業則是採用：(1) 探索 (exploration)；(2) 產品描述 (product description)；(3) 開發 (development)；(4) 測試 (testing)；(5) 上市 (launch)。由上述例子可以看出，三者階段劃分雖有不同，但是執行事項卻是一致，並且都可以進一步歸類成為產品概念、產品開發及產品上市三大主要階段。而所有這些階段的前後串聯關係，稱為研

發管理流程 (product development processes)。

圖 3.1 為研發專案管理知識體系的研發管理流程架構，由圖中可以清楚知道，新產品的研發肇始於產品概念的取得，繼之以產品的規劃和設計，終止於產品的正式推出上市。本書將研發流程簡化成為三個階段的主要目的，是希望促進研發管理知識的吸收和學習，因為這三個階段的劃分非常清楚，不會產生沒有必要的重疊、模糊和混淆。雖然產品測試在前面三個例子中被獨立出來一個步驟，但是本知識體系認為，產品測試沒有成功，代表產品開發階段尚未完成，因此將產品測試納入產品開發階段當中。另外產品概念階段完成後即可以獲得專案源由和產品概念。因此這兩部份也都視為產品概念階段的主要工作，不個別形成單獨的步驟。

圖 3.1 研發管理流程

研發管理步驟

研發流程中的每一個階段，可以再展開成好幾個必須執行的步驟，例如圖 4.1 為產品概念 (product concept) 階段的五個執行步驟，包括 (1) 機會辨識 (opportunity identification)；(2) 機會分析 (opportunity analysis)；(3) 構想產生 (idea generation)；(4) 構想選擇

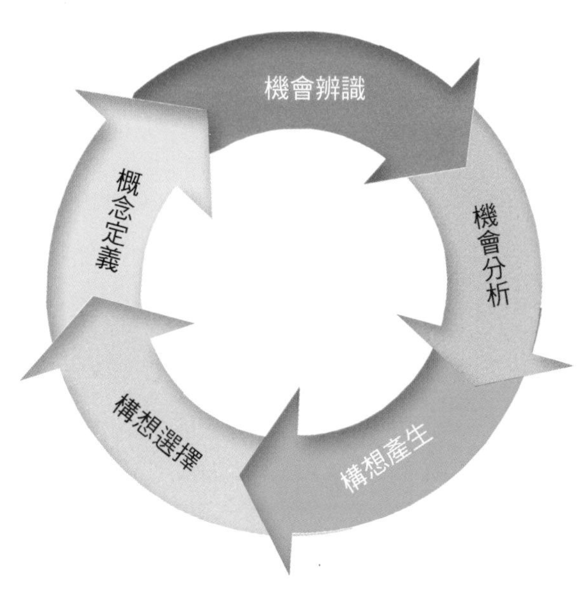

圖 4.1　產品概念階段管理步驟

(idea selection)；和 (5) 概念定義 (concept definition)。研發管理和一般專案管理比較不一樣的地方，是這些執行的步驟具有極高可能的遞迴性 (iterative) 及重複性，也就是前後幾個步驟可能需要來回數次，導致某幾個步驟會一再的重複執行，直到滿足預定的目標為止，這種現象在產品概念 (product concept) 階段特別明顯，因此圖 4.1 以圓形迴路來表示遞迴現象。例如某一個產品構想 (idea) 經過分析之後確定不可行，因而必須重新回到前面的機會分析或構想產生步驟。這種現象的主要原因是由於研發工作的高度不確定性，因為基本上整個研發過程就是在嘗試錯誤，而且如果產品創新的程度越高，產品概念階段的遞迴現象就越明顯。

產品開發 (product development) 階段相較於產品概念 (product concept) 階段，因為產品的概念已經定義清楚。接下來只是把產品的概念具體化成實體的產品，過程中不確定性相對較低，所以一般認為採用不具有遞迴現象的階段－關卡模式 (stage gate model)，就能夠表達產品開發階段的特性。圖 4.2 為產品開發階段的管理步驟，其中 Stage 代表產品開發的步驟，Gate 代表步驟完成後的檢驗，通常由產品審核委員會 (PAC, product approval committee) 執行檢驗。本知識體系將產品開發階段劃分成六個主要步驟，分別是 (1) 概念設計 (comceptual design)；(2) 系統分析 (system analysis)；(3) 初步設計 (preliminary design)；(4) 細部設計 (detailed design)；(5) 原型製作 (prototype development)；及 (6) 產品測試 (product test)。

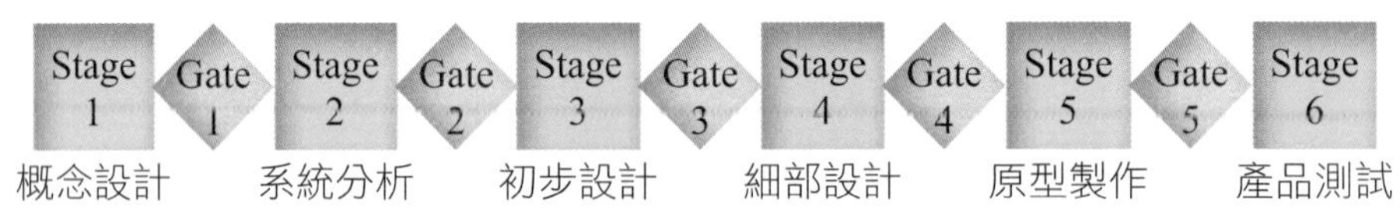

圖 4.2　產品開發階段管理步驟

產品上市 (commercilization) 階段和產品概念及產品開發兩個階段比起來，因為更明確而且具體，因此也不會有步驟遞迴的問題。圖 4.3 為產品上市階段的管理步驟，包括 (1) 上市規劃 (launch planning)；(2) 廣告規劃 (promotion planning)；(3) 通路規劃 (channel planning)；(4) 廣告宣傳 (product promotions)；(5) 人員訓練 (personnel training)；(6) 產品銷售 (product sales)；和 (7) 銷售評估 (sales evaluation) 等七大步驟。

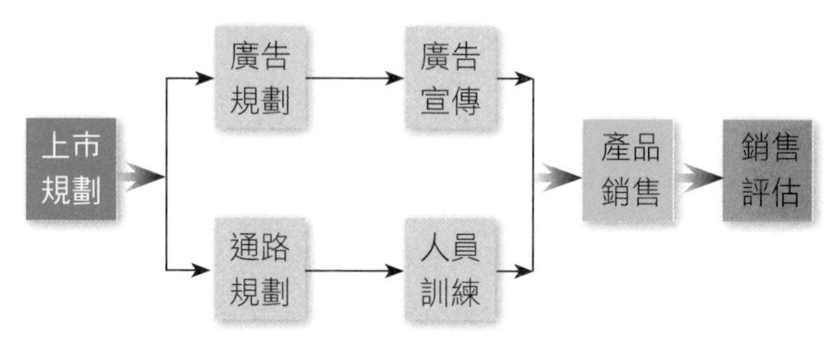

圖 4.3　產品上市階段管理步驟

Chapter 5

研發管理方法

研發管理的每一個步驟，必須配合執行的方法才能有效落實。例如產品概念階段的機會辨識 (opportunity identification)，應該如何進行，有哪些手法和工具可以使用等等。本知識體系將研發管理步驟執行的方法，歸納為研發管理方法。這些方法可以引導研發管理人員的思維邏輯，對每個步驟的有效落實和執行，可以產生積極正面的效果。圖 5.1 為研發管理方法的示意圖，中間方塊代表研發管理的某一個步驟，方塊左邊是執行該研發步驟所需要的輸入資料或訊息。方塊上方是執行該研發步驟所受到的限制 (constraints)，例如組織的政策，或是步驟的假設 (assumptions)，例如不一定是真的事情認為是真，或是不一定是假的事情認為是假，限制和假設是研發風險的所在。方塊下方是執行該研發步驟可以選用的方法 (techniques) 和工具 (tools)。方塊右邊是執行該研發步驟的產出。

執行研發步驟的約束以及假設狀況

限制及假設

執行研發步驟需要的相關資料文件

輸入

研發步驟

產出

執行研發步驟後的產出文件及產品

方法

執行研發步驟可選用的方法及工具

圖 5.1　研發管理方法

Chapter 6

研發管理層級模式

本章綜合前幾章所提的研發管理架構 (R&D management framework)、研發管理流程 (R&D management processes)、研發管理步驟 (R&D management steps) 和研發管理方法 (R&D management techniques)，建構出一個四階的研發管理層級模式 (R&D management hierarchical model)，採用由上往下，先架構後細節的方式，逐漸展開成一個完整的研發管理方法論 (methodology) 模式。這樣的研發管理模式不但可以促進研發人員的溝通，也有助於研發過程的順序展開。執行得當，更可以避免不必要的摸索，因而可以縮短整個研發工作的時程。

圖 6.1 為本知識體系的研發管理層級模式，圖的最上方是研發管理的架構，整個架構強調研發基礎建設 (infrastructure) 的規劃和研發流程的設計，包括團隊能力，制度建立及資訊工具的使用。第二個層級是研發管理流程，本知識體系以三個階段來呈現研發管理的過程，也就是產品概念、產品開發、和產品上市。研發流程的階段性劃分有很多不同的設計，但是多數都有階段切割不夠清楚的問題。因此本知識體系將研發過程歸類為上述三個階段，以清楚表達各個階段的不同特性。第三個層級是研發管理的步驟，它是研發流程的詳細展開，由

研發管理的步驟，可以清楚知道每個研發階段應該執行的步驟及內容，本知識體系將產品概念階段的步驟，定義成具有遞迴特性的迴圈現象；將產品開發階段和產品上市階段，定義成直線特性的串聯現象。第四個層級是研發管理的方法，它是每個研發管理步驟的執行方式，包括執行時所需要的輸入資訊，所受到的限制，可以使用的方法，以及所要產出的結果。這樣的層級架構不但可以提升研發專案經理的管理效率 (efficiency) 和管理效能 (effectiveness)，同時也可以做為企業研發管理制度建立的基礎，對縮短企業的產品研發時程 (time to market) 和提高研發的生產力 (R&D productivity) 有正面積極的效果。

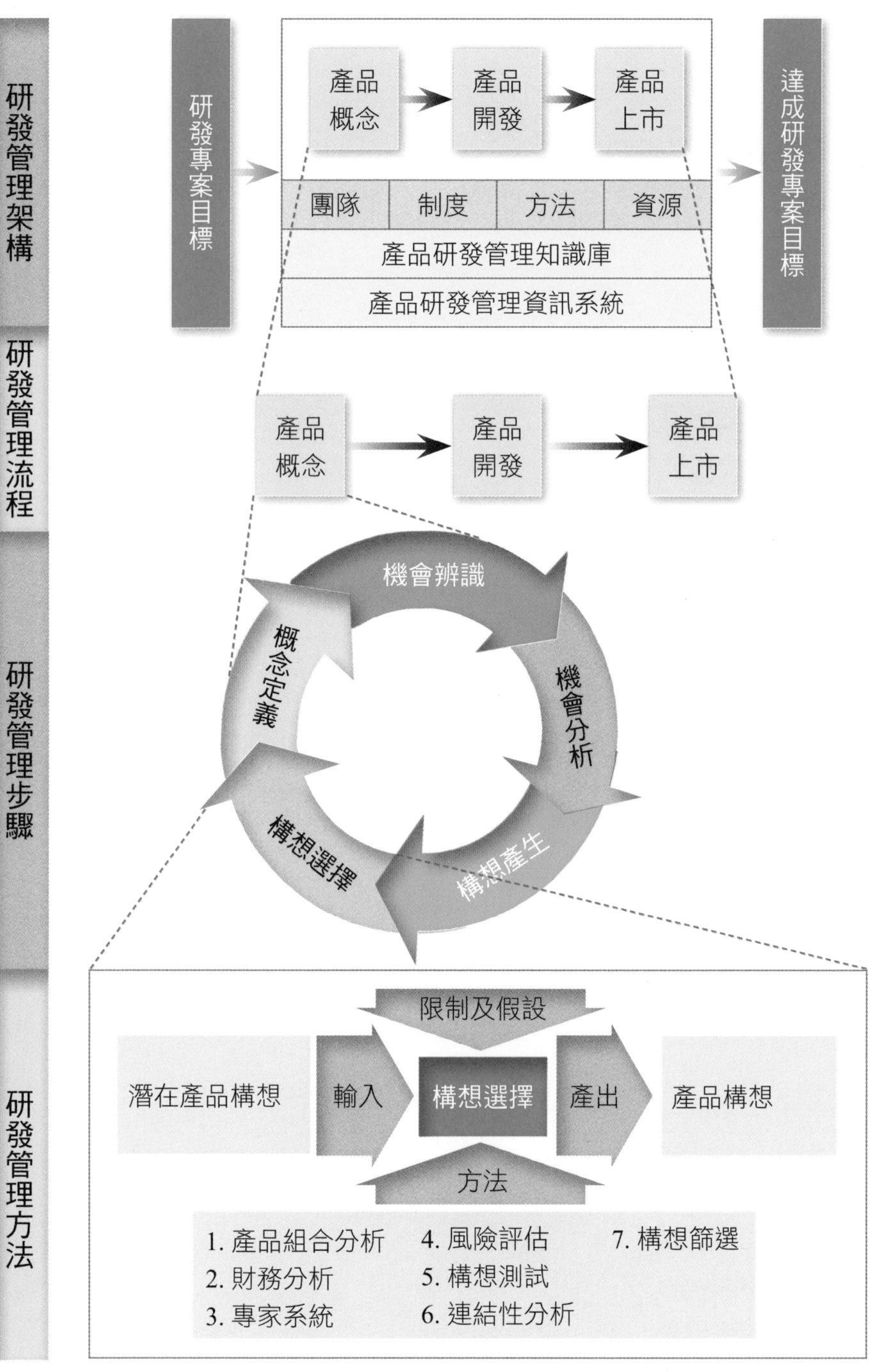

圖 6.1　研發管理層級模式

Part 2

研發專案管理知識領域

R&D Project Management Knowledge Areas

Chapter 7

產品概念

產品概念的獲得 (如圖 7.1) 是產品研發第一個階段的主要目的，稱為新產品概念發展過程 (new product conecpt)，因為這個階段的工作絕大多數是在摸索下進行，因此產品概念 (product concept) 階段通常又被稱為「模糊的前端」(FFE, fuzzy front-end)。這個階段的工作特徵是嘗試錯誤，所以結果和進度都混沌不明，例如預算能否持續，產品能否如期上市，產品能否創造利潤等等，都充滿著未知和不確定性。產品概念的形成會受到企業內外在環境的驅動和影響，內在環境包括有企業的研發文化、研發策略、研發領導及研發能力等。外在環境則包含競爭者的舉動、客戶的需求 (customer needs)、科技的現況、產業的環境、法令規定以及政府政策等等。圖 7.2 為產品概念所需考量的內外在環境，企業能否有突破性的產品概念，當然受到企業

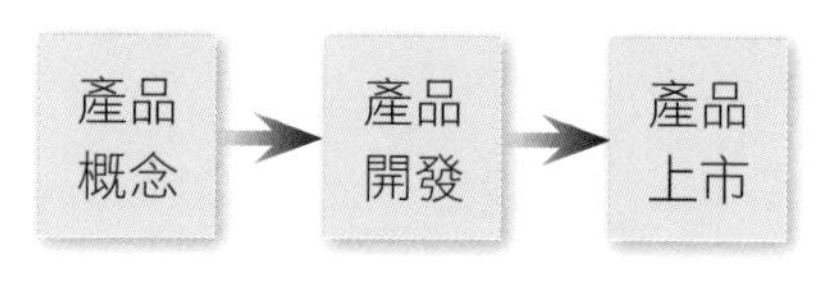

圖 7.1　產品概念階段

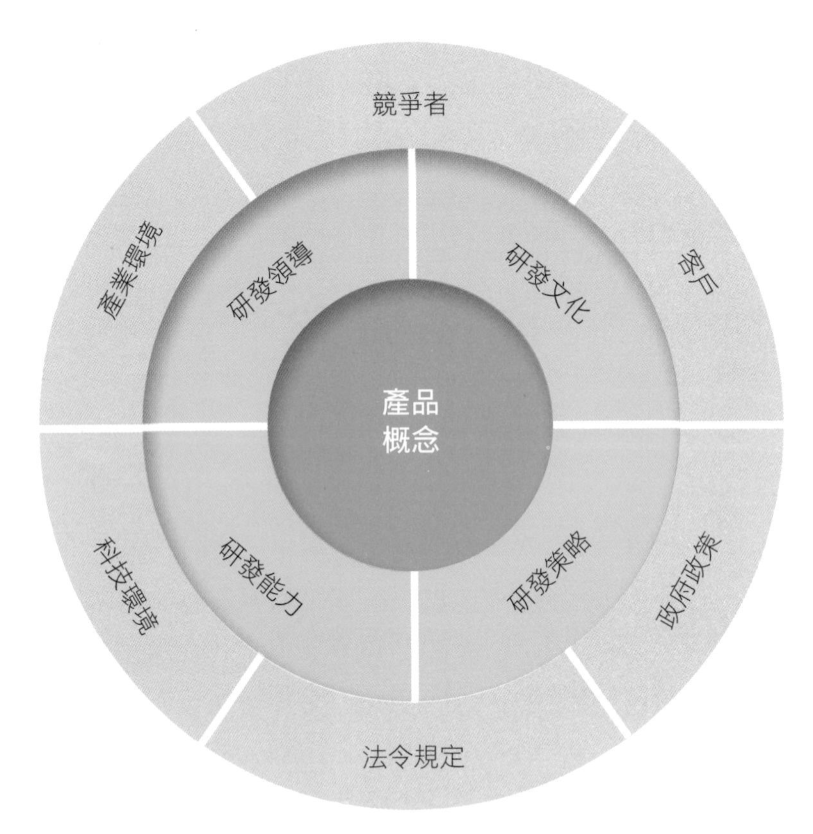

圖 7.2　產品概念形成的環境

本身的研發文化、研發策略、研發能力及研發領導的深刻影響。產品概念階段的主要工作有以下幾項 (如圖 7.3)：

1. 機會辨識。
2. 機會分析。
3. 構想產生。
4. 構想選擇。
5. 概念定義。

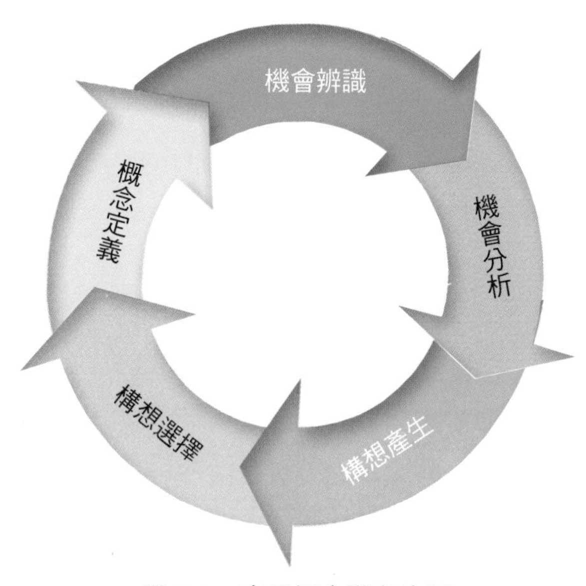

圖 7.3　產品概念階段步驟

產品概念階段的三個主要名詞說明如下：

1. 機會 (opportunity)	機會是指企業「現有狀況」和「未來目標」之間的缺口 (gap)，如果缺口填補或目標實現之後，可以為企業創造競爭優勢、解決問題、克服困難或是消除威脅。
2. 構想 (idea)	構想是指新產品和新服務的最原始的胚芽狀態，它是一個為了創造機會或是解決問題的巨觀洞察。
3. 概念 (concept)	概念是指能夠「書面記錄」和「視覺表達」的一種狀態，它不但融入了客戶的需求而且已經考慮到了需要用到的技術。

7.1 機會辨識

機會辨識 (opportunity identification) 是指為了達成企業的策略目標，組織可以採行的潛在作為，包括對市場競爭的短期因應、為了取得競爭優勢的重大突破、或者是為了提高效率和降低成本的重大改善。它可能是企業全新產品的開發，也可以是現有產品的升級和改良，包括新產品、新製程、新服務以及新的市場行銷方法的研發等等。簡而言之，機會辨識的目的是找出企業可以參與競爭的市場和技術領域。而機會辨識的成敗決定於辨識機會的方法，有些企業使用正式的機會辨識流程，有些則是採用非正式的辨識機會方式，包括個人的遠見、高層的判斷、腦力激盪的聚會等。

機會辨識的方法之一是趨勢分析，它是辨識未來機會的最主要關鍵工作，因為市場調查只是針對今天的客戶，透過趨勢分析才能找到明天的客戶。常用的趨勢分析方法是由專責人員，定期審視：(1) 社會趨勢 (social trend)：包括人口、性別和價值觀；(2) 技術趨勢 (technological trend)：包括科學和技術的改變；(3) 環境趨勢 (environmental trend)：包括自然和生態系統的變化；(4) 經濟趨勢 (economic trend)：交易方式的改變；和 (5) 政治趨勢 (political trend)：包括政府、議題和法令的改變；以上幾項的第一個英文字母合起來稱為 STEEP。如果只是探討社會、經濟及技術趨勢，則稱為 SET。

機會辨識也必須同時對競爭對手、目標市場和客戶進行充分的研究，包括專利地圖等也應一併全盤考量。有些公司以找出「如果競爭者採用之後會毀滅自己企業 (destroy our business)」的可能作法，來辨識出企業的潛在機會。也就是說，透過競爭者的眼睛來看企業的未來，很可能會找到意想不到的機會。另外，了解客戶的偏好和需求是機會辨識的主要方法之一，而滿足客戶需求的主要做法是將客戶

要求的特徵 (feature) 設計到產品之中。然而在研發過程，如果產品特徵因為控制不良，隨著研發的進展而逐漸增加的現象稱為特徵潛變 (feature creep)。

客戶需求的取得可以透過三種方式：(1) 扮演使用者 (be a user)，使用自己和對手的產品；(2) 深入觀察使用者 (critically observe and live with customers)，深入觀察甚至錄影使用者使用產品的方式，然後於事後詢問觀察現象及使用方式的原因；(3) 訪問使用者 (talk to customers)，以間接方式訪談產品使用者，在某種狀況下的處理方式，此即一般所稱的客戶的聲音 (voice of customer)，例如：「最近的一次如何將烹飪好的食物帶去郊遊」。訪問至少 20 人以上才能取得 90% 的客戶需求。圖 7.4 為機會辨識的方法。

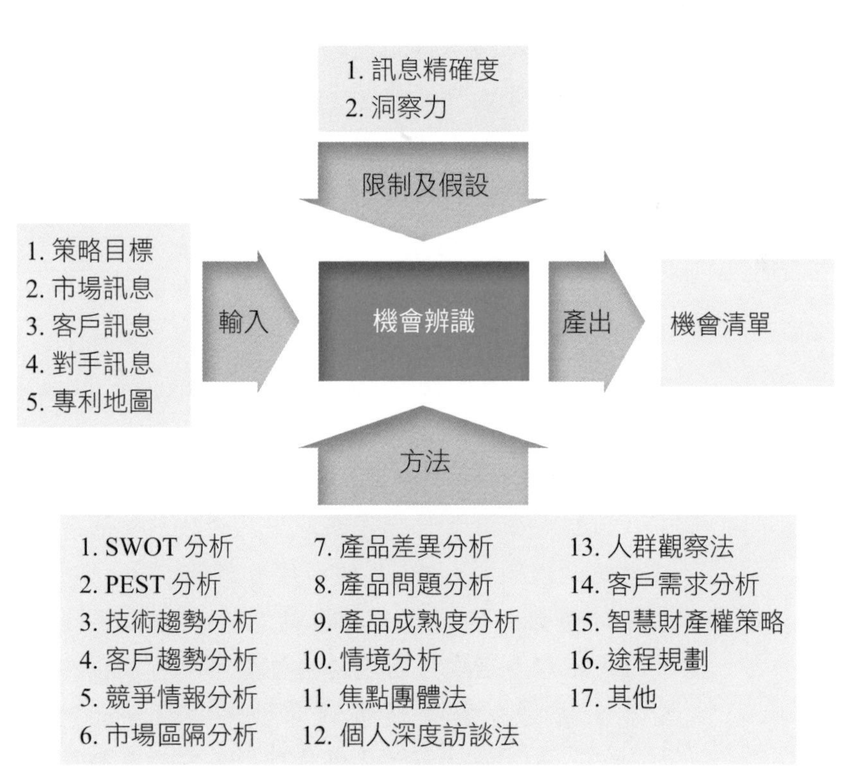

圖 7.4　**機會辨識方法**

輸入	1. 策略目標：企業在未來一段時間內想要達成的策略性目標。 2. 市場訊息：和產品有關的市場資料，包括市場佔有率、技術發展之脈動、各家競爭態勢、產品開發歷程等等。 3. 客戶訊息：客戶的分佈以及客戶對產品的偏好等資料，如果企業有實施客戶關係管理 (CRM, customer relation management)，那麼就比較容易取得客戶相關訊息。 4. 對手訊息：有關競爭對手的可能作為等資料，例如未來的研發計劃，預算編列以及研發人數等。 5. 專利地圖：專利地圖 (patent map) 是一種運用統計的手法，結合技術領域的專家智慧，針對某一個技術主題，全面性的搜尋，然後透過分析歸納，將專利資料背後所潛藏的管理及技術訊息解析出來，以作為研發及管理之用。
方法	1. SWOT 分析：進行企業應付競爭者、滿足客戶需求以及克服市場環境的強處、弱處、機會和威脅的分析。 2. PEST 分析：從政治 (political)、經濟 (economic)、社會(social)、技術 (technological) 等方面分析企業的競爭環境。 3. 技術趨勢分析：目標產品所用到的技術，隨著時間的演進趨勢。圖 7.5 為技術趨勢評估矩陣。 4. 客戶趨勢分析：產品的各種客戶的增加及減少趨勢，可以看出客戶需求的變化。 5. 競爭情報分析：競爭情報分析 (competitive intelligence analysis) 是將片段的競爭者資料，整合

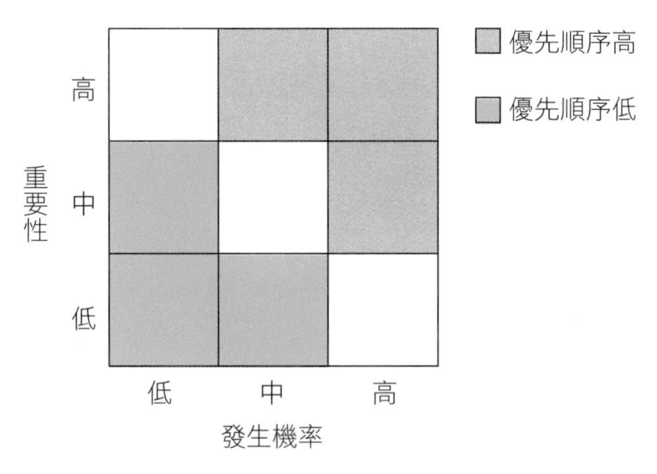

圖 7.5　技術趨勢評估矩陣

成為和競爭者有關的策略知識，包括競爭者的產品定位、產品優缺點、產品策略、目標市場、銷售量、獲利性、市佔率、差異訴求、顧客印象、推廣策略、配銷策略等等。競爭情報分析又稱為商業情報分析 (business intelligence analysis)。

6. 市場區隔分析：市場區隔分析 (market segment analysis) 的目的是鎖定目標市場，把一個大而混雜的市場，切割成幾個比較小而且均質的市場。切割方式依效果由小到大為：(1) 性別、年齡、收入；(2) 地區、銷售金額、員工人數；(3) 購買行為，如電話／網路、現金／信用卡、價格、品牌等；(4) 看重屬性：如產品性能、可靠度、售後服務等。市場區隔分析通常先取得 300 到 1000 個客戶的市場調查資料，然後再透過集群分析法 (cluster analysis)、因素分析法 (factor analysis) 及鑑別分析法 (discriminate analysis) 等進行客戶的分群。一般來說，市場區隔分群數量不應小於 3 個或大於 8 個。

7. 產品差異分析：差異分析 (gap analysis) 是透過市場調查分析使用者對市場現有類似產品的相對評價，呈現出來的圖形稱為認知圖 (perceptual map)。它可以知道客戶看重的產品特性，因此可以找出市場上可能的產品機會。差異分析所比較的產品一般建議不超過 8 個，評價屬性則建議至多 20 個。
8. 產品問題分析：分析市場上現有產品的問題點，可以找出改進產品的機會。
9. 產品成熟度分析：產品成熟度分析的目的是了解每項產品在生命週期的所在位置，然後預測產品銷售量下滑的時間。
10. 情境分析：情境分析 (scenario analysis) 是預想多個不同的未來願景，而每一個願景又可以點出不同的可能機會。然後據以制定策略來實現未來的機會或是應付未來的挑戰。情境分析的做法是：(1) 設計未來情境；(2) 確認機會；(3) 分析並排序機會；(4) 排序在前者即為產品機會。情境分析可以是 (1) 延伸式 (extend scenario)：情境為目前趨勢的延伸，或是 (2) 跳躍式 (leap scenario)：未來某個時間以後的情境。
11. 焦點團體法：焦點團體法 (focus groups) 是以會議的方式，和 8 到個 12 客戶或使用者一起探討產品的某一個問題，以取得他們有關產品機會的回饋。
12. 個人深度訪談法：個人深度訪談 (Individual depth interviews) 是由一個有經驗的引導者，以深度談話的方式引導訪談對象評論產品，這種方式可以對產品使用者的動機、購買行為、偏好以及期望有更深入的了解，一般建議訪談人數至少 25 人，時間每人至少 1.5 小時。如果是利用電話訪談，時間則建議不要超過 45 分鐘。

13. 人群觀察法：人群觀察 (ethnography) 是一種參與、觀察人們生活和環境的研究方式，它是在實際環境中訪問和觀察產品的使用者，或是到客戶的工作場所，觀察客戶執行某個希望解決的問題。以了解客戶的產品需求。人群觀察又稱為環境研究 (contextual research)、環境探索 (contextual inquiry)、環境觀察 (contextual observation)、深度潛水 (deep dive) 或現地訪察 (customer site visits)。一般建議進行 18 到 20 次的觀察訪談，每次至少進行兩小時。表 7.1 為人群觀察的例子。人群觀察法可以在小樣本的情況下，獲得 90% 極為可靠的產品需求、產品問題或產品機會。如果過程以

表 7.1　**人群觀察範例**

位置	人	文化	價值觀
裡面／外面使用	哪些人使用	主要文化特性	什麼價值對客戶很重要
使用問題	誰和使用者有關係	使用者的信念	客戶喜歡、討厭、容忍、希望什麼
安全議題	誰是老板	工作方法	什麼是產品的成功或失敗
使用環境	誰是下屬	習慣	
使用速度	有哪些親戚	溝通方式	
使用頻率		決策過程	
定點使用		為何盛行此文化	
坐著／站著使用			

	親自操作產品的方式進行，稱為身歷其境法 (immersion)。 人群觀察法通常由 2 個人合作進行，並且事先設計好執行準則 (field prorocol)，過程執行重點包括：(1) 設身處地；(2) 態度親善；(3) 客戶主談；(4) 觀察行為；(5) 樣本數小。人群觀察法的結果呈現方式有：(1) 錄影帶；(2) 錄音帶；(3) 書面紀錄及照片；(4) 說明活動順序的活動圖 (activity diagram)。人群觀察法的最大優點是可以發掘客戶沒有表達出來的需求。 14. 客戶需求分析：透過客戶需求分析 (customer needs analysis) 可以找出有哪些客戶的主要需求，還沒有被現有產品滿足，特別是分析吸引客戶購買產品的核心利益訴求 (CBP, core benefit proposition / value proposition)。客戶需求通常做成需求說明 (needs statement)。 15. 智慧財產權策略：專利是保護智慧財產權的最有效做法， 企業必須制定完善的專利組合策略 (patent portfolio strategy)，包括攻擊策略和防禦策略，才能保護產品研發的成果。 16. 途程規劃：途程規劃 (roadmapping) 是以圖形的方式，逐步預測市場和技術的未來可能變化，然後規劃相關產品來對付這些變化。 17. 其他：其他適用的任何方法。
限制及假設	1. 訊息精確度：有關市場、客戶及對手的訊息精確程度，會直接影響機會辨識的成敗。 2. 洞察力：企業從混沌不明的環境中，預知市場未來產品需求的能力。

產出	機會清單：經過機會辨識所得到的所有可能的產品、服務及技術研發機會，機會清單也可以稱為產品問題清單或是客戶需求清單，產品機會以客戶需求說明 (statement of customer needs)的方式呈現時，其內容應該符合 4C 的要求：(1) 客戶用語 (customer language)：以客戶的語言表達；(2) 清楚 (clear)：容易了解；(3) 簡潔(concise)：沒有不需要的贅字；(4) 使用場合 (contextually specific)：說明產品使用的環境或時機。客戶需求數量一般約在 10 個到 12 個之間，技術機會也應控制在 10 到 12 之間。

7.2 機會分析

機會分析 (opportunity analysis) 的目的是評估前一個步驟所辨識出來的機會，有哪些是真正值得企業投入資源去加以實現，包括產品機會和技術機會。機會分析通常是一個遞迴的過程 (iterative)，也就是當新機會被發現出來，經過分析發現不可行之後，又會回到前一個步驟去重新辨識機會。分析機會時通常必須配合市場調查、甚至科學化的實驗來收集足夠的資訊，以確保分析的準確性，而分析的主要內容不外乎是技術需求、市場狀況和企業能力。值得注意的是，儘管機會經過深入的分析和評估，其潛在的技術和市場不確定性可能仍然存在。

進行機會分析所需要的人員數量，依需要可從 3 到 5 個人不等，而且應該包括市場及研發人員。負責機會分析的團隊應該要有目標明確的授權書，以避免聚焦錯誤。這個階段的授權書內容雖然類似產品研發授權書 (PIC, product innovation charter)，但是重點是在機會而不是產品。另外，大型的產品機會分析所需時間可達二到三個月之久。

前面在機會辨識所用到的方法，大部份都可以同時用在機會分析，包括技術趨勢分析、客戶趨勢分析、競爭情報分析、情境分析、途程規劃等，只是過程會更詳細，而且重點是再次確認機會是否真的存在並且具有潛力。機會分析階段最終希望能夠找出 3 到 5 個可以達成企業目標的機會。圖 7.6 為產品機會分析的方法。

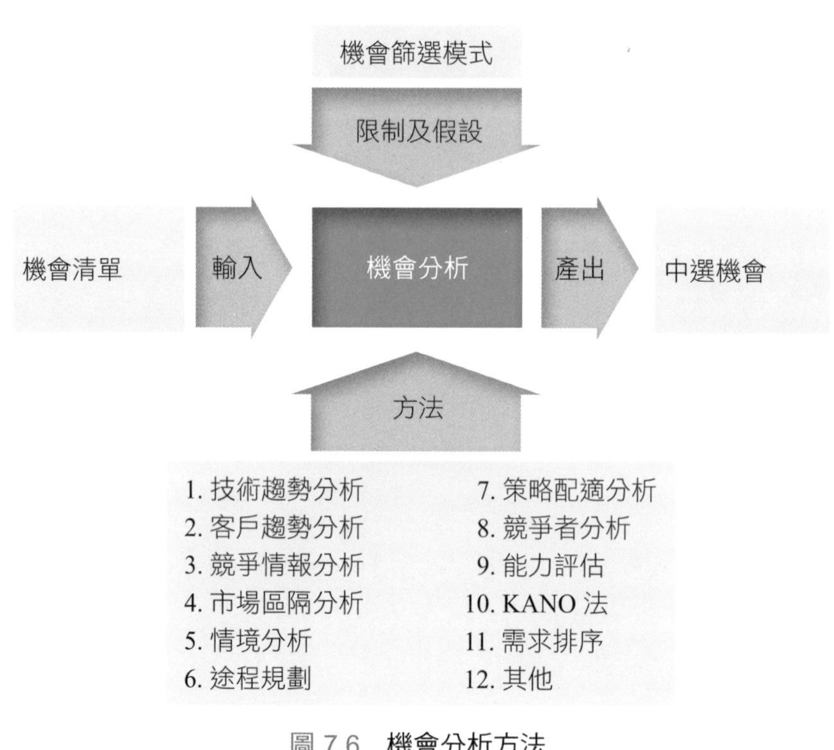

圖 7.6　**機會分析方法**

輸入	機會清單：詳細請參閱〈機會辨識〉。
方法	1. 技術趨勢分析：詳細請參閱〈機會辨識〉。 2. 客戶趨勢分析：詳細請參閱〈機會辨識〉。 3. 競爭情報分析：詳細請參閱〈機會辨識〉。

	4. 市場區隔分析：詳細分析為何問題或需求在某個市場是機會，詳細請參閱〈機會辨識〉。 5. 情境分析：詳細請參閱〈機會辨識〉。 6. 途程規劃：詳細請參閱〈機會辨識〉。 7. 策略配適分析：策略配適分析 (strategic framing) 是檢驗機會是否符合企業的策略目標，包括市場和技術的優勢、彌補缺口及威脅。 8. 競爭者分析：競爭者分析 (competitor analysis) 可以找出誰是目標區隔市場的主要競爭者、推出哪種產品可以取得競爭優勢、以及對手的強處和現有專利權等。 9. 能力評估：評估企業本身的各種能力，包括技術能力、財務能力、人力資源等等。 10. KANO 分析：利用問卷方式調查客戶滿意度和產品特性供給量的關係，包括：(1) 吸引特性 (attractive element)：沒有提供不會不滿意，有提供會滿意；(2) 越多越好特性 (more is better element)：沒有提供會不滿意，提供越多越滿意；(3) 必須特性 (must be element)：有提供不會滿意，沒有提供會不滿意；(4) 相反特性 (reverse element)：有提供會不滿意，沒有提供會滿意。KANO 分析法可以協助分類產品的需求。 11. 需求排序：需求排序 (needs ranking) 是利用問卷調查的方式，了解客戶對產品需求的重要度排序。 12. 其他：其他適用的任何方法。
限制及假設	機會篩選模式：企業現有的機會篩選模式，是最佳機會能否出線的關鍵。

產出	中選機會：經過機會分析所篩選出來的產品機會，它是一個被認為可以達成企業策略目標的機會說明文件，也稱為機會規格 (opportunity specification)。這個階段的中選機會一般建議 3 到 5 個。

7.3 構想產生

構想產生 (idea generation) 是進一步具體化前面階段所找到的機會，是產品概念階段的最主要工作，它包括構想的萌芽、成長和成熟。構想被提出來之後，可能會被剔除、被組合、被修正以及被改良，所以構想產生的過程也具有遞迴特性。另外，構想產生可以是經由一個正式的程序，例如腦力激盪(brain storming) 及構想銀行 (idea banks) 等方式。也可以是來自於非正式的情況，例如供應商提供一種新的材料，或是客戶提出特殊的需求 (voice of customer)。管理上的機制也可以促進構想的產生，例如鼓勵創新的文化、對構想的獎勵和表揚、正式的構想協調角色、經常性的職位輪調、建立知識管理的系統、納入不同思維模式的設計人員、以及建構標準程序來處理正式工作以外的新構想等等。

構想產生的初期通常以獲得越多構想越好，因此應該以發散式 (divergent thinking) 的思考模式為主，但是到了構想產生的後期，為了要從眾多構想當中，篩選出幾個最好的構想，因此應該轉為以收斂式 (convergent thinking) 的思考模式。值得注意的是，富有創意的構想通常是在構想產生過程的後期出現，因此研發專案經理要特別注意過程的掌控。此外，為了提高構想產生的品質，一般建議至少使用 5 種不同的構想產生方法，並且持續進行 3 到 8 週的時間。構想產生的目標是在前面所找到的 3 到 5 種機會當中，分別產生 20 到 50 個的構想，因此產品構想總數可達 60 到 250 個。此外、為了促進產品構想的產生，進行腦力激盪的場地應該明亮通風，並且每人至少提供 80 到 100 平方英尺的空間。產品構想的執行重點有以下幾項：(1) 記錄構想以方便進行聯想；(2) 不要拒絕任何構想；(3) 聚焦於構想目標；(4) 創意構想始於荒謬；(5) 保持玩耍的心情；(6) 讓每個人發言；(7) 把質疑轉成另一個構想；(8) 避免中斷過程；(9) 構想無限；(10) 構想互相關聯。

總而言之，構想產生通常是一個 3R 的過程：即記錄 (record)、回想 (recall) 和重組 (reconstruct)。圖 7.7 為構想產生的方法。

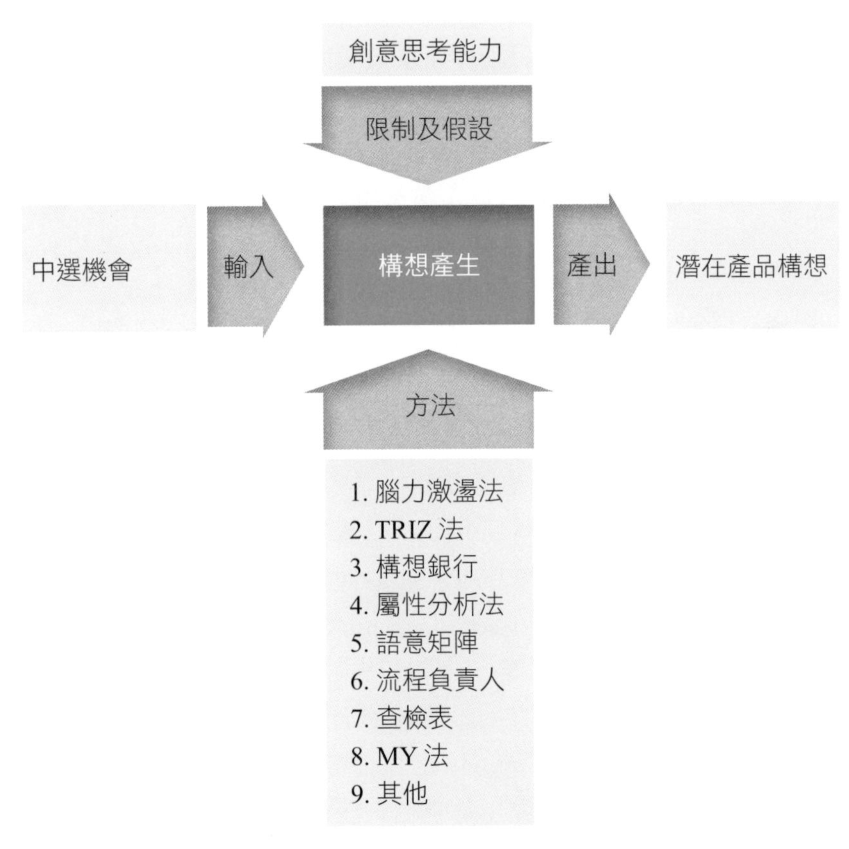

圖 7.7　**構想產生方法**

輸入	中選機會：詳細請參閱〈機會分析〉。
方法	1. 腦力激盪法：腦力激盪法 (brainstorming) 是由一組人 (最好包括客戶) 針對某個主題，進行創意的產生和激盪，腦力激盪過程必須找出越多構想越好。如果過程要求每個人先寫下構想，然後再由群體討論每個構想的方式稱為名目群組過程 (nominal group process)，又稱為腦力登錄法 (brainwriting)，例如 KJ 法。如果是畫圖的方式，稱為腦力繪圖法 (braindrawing)。腦力激盪法也有另外幾種改進的形式： (1) Phillips 66 群組法 (Phillips 66 groups)：將參加者分成 6 個人一組，進行問題的討論，每次 6 分鐘，然後重新組合再討論。此法可以鼓勵討論並避免少數人掌控全局。 (2) 腦力激盪圈 (brainstorming circle)：以圓圈方式輪流對前一個人的構想進行延伸或修正。 (3) 反腦力激盪 (reverse brainstorming)：討論現有產品的問題和缺點而不是新構想。 (4) 挑剔法 (tear down)：發表意見者必須找出前一個構想的問題點。 (5) 修正法 (and so)：發表意見者擴大和拓展前面的構想。 (6) 高登法 (Gordon method) 參加者事先不被告知討論的主題。 2. TRIZ 法：TRIZ 是蘇聯的「創造性問題解決」方法 (theory of inventive problem solving) 的簡稱，它可以透過解決技術矛盾和物理矛盾來協助跳出思維框架，從不同的角度去找尋解決問題的設計方案。

3. 構想銀行：構想銀行 (idea banks) 是儲存構想的管理系統及資料庫，可以協助及刺激構想的產生。
4. 屬性分析法：屬性分析法 (attribute analysis) 是認為新產品大多是現有產品的改良，因此藉由分析現有產品的特性，可以找出新產品的構想。通常以查檢表的方式進行。產品的重要屬性應該不要超過 4 個。
5. 語意矩陣：語意矩陣 (morphological matrix) 是以圖表的方式，來探討可能的產品功能組合。表 7.2 為語意矩陣的例子。語意矩陣又稱為構面分析 (dimensional analysis) 或關係分析 (relationship analysis)。
6. 流程負責人：流程負責人 (process owner, process manager) 是指負責構想產生和構想選擇過程溝通協調的負責人。
7. 查檢表：查檢表 (check list) 是以提問的方式，引導

表 7.2　語意矩陣

功能	行動電話可能構想				
握持方式	手錶式	計算機式	不需		
存放位置	別針	袖子	腰帶	口袋	拆卸
數字輸入	面板	聲音	條碼		
螢幕顯示	發光二極體	液晶顯示器	沒有		
電力供應	搖動發電	電池	太陽能		
訊號接收	內部天線	外部天線			
聲音輸出	喇叭	耳機			
聲音輸入	內部麥克風	外部麥克風			

	成員對產品構想的完整思考。例如：可否改變形狀、可否使用別種材料等。 8. MY 法：又稱為蓮花盛開法 (lotus blossom technique)，是由 Mataumura Yasuo 所創因而得名。做法是將主題寫在畫有很多適當格子大小的正方形紙張的正中央一格，然後參加人員將想到的構想分別寫在主題格子的四周 8 格，而每一個構想又變成引發另一波 8 個新構想的次主題，如此無限延伸，直到找到所要的構想數目為止。 9. 其他：其他適用的任何方法。
限制及假設	創意思考能力：構想產生團隊的創意思考能力是突破性構想能否出現的最大限制。
產出	潛在產品構想：經過構想產生的各種機制之後，會得到一些潛在的產品構想。圖 7.8 為構想產生的 M 曲線 (M curve)。由圖中可以看出具有創意的構想，通常是在構想產生的後期出現。產品構想會做成構想說明 (concept statement)，通常為 100 到 150 個字，形式除了文字之外、也應儘可能利用圖形或模型方式，以方便後續的構想測試。

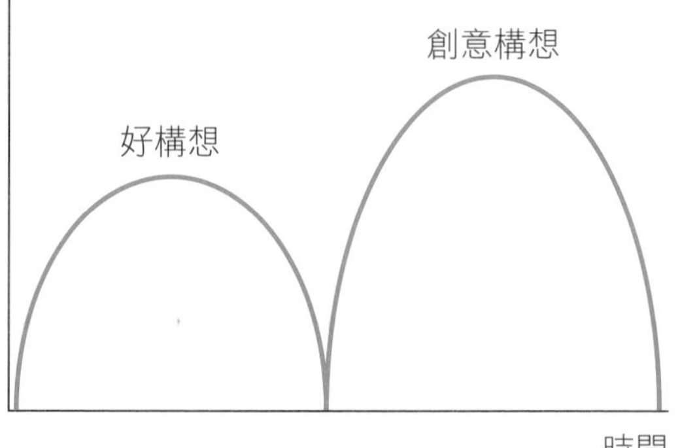

圖 7.8 **構想產生 M 曲線**

7.4 構想選擇

嚴謹的構想選擇 (idea selection) 可以降低產品研發的風險及不確定性，是產品研發過程的關鍵成功步驟。基本上，產品的構想選擇必須考慮到以下幾個層面：(1) 技術：產品構想所需要的技術，以及企業對該技術的掌握能力；(2) 市場：企業的產品行銷能力；(3) 財務：產品構想的期望財務利益；(4) 組織：企業現有的組織架構、流程及文化，和產品構想的配合度；(5) 策略：產品構想的目的和企業目標及策略的對焦程度；(6) 關係：產品可以和企業供應商及經銷商形成策略夥伴的可能性；(7) 產業：產品構想的障礙度、對手數目、及需求變動性；(8) 競爭：產品構想是否優於對手產品。

構想的選擇通常包括三個步驟：(1) 投票 (vote)：由全體人員進行投票，大約 3 分之 1 的構想會獲得多數票，3 分之 1 的構想需要進一步觀察，另外 3 分之 1 的構想會被捨棄；(2) 排序 (sort)：由主要成員使用 3 到 5 個標準進行排序，以凸顯比較關鍵的產品構想；(3) 構想組合 (portfolio)：由主要成員進行討論及分類，找出最能解決客戶問題的產品構想，然後對照企業的能力，並且評估相關的風險，最後選出產品的最佳構想。此外，運用「十的冪級數」(power of 10) 的概念可以由微觀、漸次宏觀的角度分析會被產品影響到的所有利害關係人，因此有助於找出有利於產品概念選擇的所有參考因素。圖 7.9 為構想選擇的方法。

構想選擇能力

限制及假設

潛在產品構想 → 輸入 → 構想選擇 → 產出 → 1. 產品構想 2. 專利申請

方法

1. 產品組合分析
2. 財務分析
3. 風險評估
4. 構想篩選
5. 專家系統
6. SWIFT
7. 連結性分析
8. 構想測試
9. 其他

圖 7.9　**構想選擇方法**

輸入	潛在產品構想：詳細請參閱〈構想產生〉。
方法	1. 產品組合分析：分析產品構想和企業產品組合管理之間的配適程度。 2. 財務分析：分析產品構想的期望成本及效益、淨現值、內部報酬率及回收年限等。一般來說，這個階段的財務分析還是非常粗略。 3. 風險評估：分析產品構想的可能風險，包括技術風險、管理風險、成本風險、市場風險等等。

4. 構想篩選：構想篩選是進行潛在產品構想的評估，包括和企業策略的符合度、技術可行性、可製造性以及財務潛力。可以利用 Pugh 構想評估表來協助構想的篩選。表 7.3 為 Pugh 構想評估表範例。其中基準構想是構想比較的評估標準，通常是目前的產品設計；正符號 + 代表構想明顯優於基準構想；負符號 － 代表構想明顯劣於基準構想；符號 S 代表構想和基準構想不分軒輊。構想選擇方式是負符號數目最少者為獲勝構想，如果負符號數目相同，則再選擇正符號多者。評估可以是一個遞迴過程，也就是隨時修正每個構想，讓負符號減少之後，再重新比較，直到構想完成無法改進為止。
5. 專家系統：利用專家系統進行構想的評分與選擇。
6. SWIFT：利用 5 個步驟來修正構想：
   (1) 構想優點 (strength)。
   (2) 構想缺點 (weaknesses)。
   (3) 構想特點 (individuality)。
   (4) 修正缺點 (fixes)。
   (5) 轉化構想 (tranformation)。

表 7.3　Pugh 構想評估表

	基準構想	構想一	構想二	構想三
標準 1	s	－	+	+
標準 2	s	s	+	+
標準 3	s	s	s	－
+ 個數	0	0	2	2
－ 個數	0	1	0	1

7. 連結性分析：連結性分析 (conjoint analysis) 是一種以問卷方式探索客戶對產品某項特性的價值判斷，從客戶願意花多少費用來購買具有某種特徵的產品，可以知道產品特性和產品價值的關聯程度。連結性分析的做法：(1) 決定產品特性 (features)；(2) 選擇性能水準 (performance level)，所有產品特性的性能水準總和應該在 12 到 16 之間；(3) 設計實驗 (experimental design)，選擇重要的組合進行實驗；(4) 收集資料 (gather data)；(5) 分析資料(analyze data)，找出最佳產品特性組合 (規格)、價格及產品初期預估銷售量。
8. 構想測試：構想測試是評估客戶對構想說明的反應，以便預估產品的接受度 (例如：絕對會買，可能會買，不一定，可能不會買，絕對不會買)，或是修正產品構想以提高市場潛力。基本上，構想測試有三個目的：(1) 剔除不好的構想；(2) 估計產品的銷售量；(3) 修正構想。構想測試可以採用訪問、郵寄、網路、電話甚至虛擬商店 (pseudo store) 的方式進行。訪問對象依產品特性可以是個人或是團體 (focus group)。人數一般約 250 到 400 人。構想測試應該是企業產品研發的經常性工作，所以一般建議每年至少測試 50 個產品構想，而且越多越好。構想測試階段可以利用下列方式大約預估產品的潛在銷售量 Q。

$$Q = NA\,(0.4D + 0.2P)$$

其中 N 為潛在客戶數量，A 為可能購買的客戶 %，D 為調查測試「一定會買」比例，P 為調查測試「可能會買」比例。

	9. 其他：其他適用的任何方法。
限制及假設	構想選擇能力：企業現有的構想選擇能力是最大的限制。
產出	1. 產品構想：篩選出來的產品構想。產品構想必須包含產品的屬性 (attributes) 和優勢 (benefits)，產品的屬性 (attributes) 是指：(1) 形式 (form)，例如外形及顏色等；及 (2)技術 (technology)，例如材料及生產方式等；(3) 功能 (function)，例如性能。優勢則是指和競爭產品相比時的特點，通常會以產品價值訴求 (value proposition) 的方式呈現，一個好的產品價值訴求最多應該不要超過 25 個字。 2. 專利申請：申請產品的專利權，包括發明專利、新型專案及新式樣專利。

7.5 概念定義

概念定義 (concept definition) 是產品概念階段的最後一個步驟，目的是制定和審查產品研發的專案源由，又稱為取勝說明 (win statement)，或是守門文件 (gate document)，它是產品概念階段的最主要產出文件，也是企業決定投入資金研發新產品的源頭文件。內容包括產品的目標、產品的概念和企業的適合度、財務上的成本及效益、市場需求、成本及技術風險、環境及安全、資金來源、產品開發計劃等等。如果概念說明經過審查之後沒有通過，那麼整個流程又會回到前面構想階段，進行構想的加強或修正，甚至是被暫停。簡單來說，概念定義的主要功能就是進行產品研發專案的整體可行性分析。圖 7.10 為概念定義的方法。

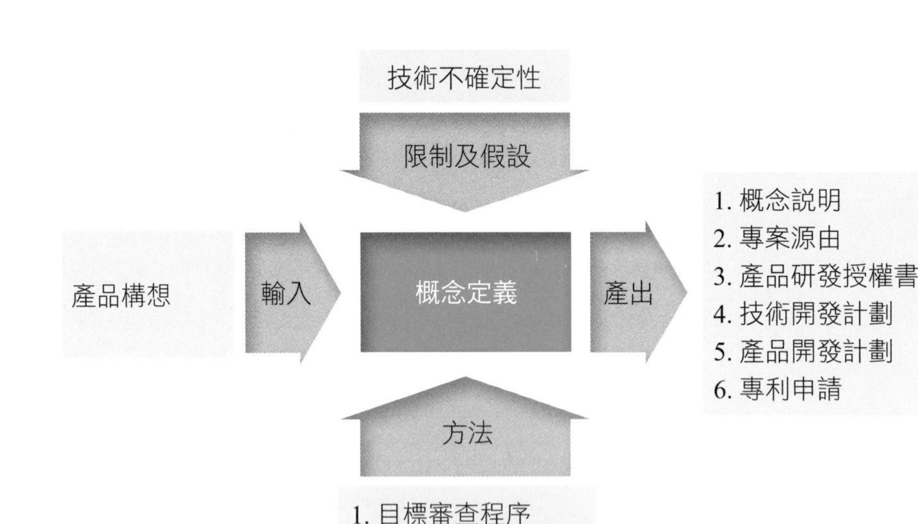

圖 7.10　**概念定義方法**

輸入	產品構想：詳細請參閱〈構想選擇〉。
方法	1. 目標審查程序：目標審查程序 (goal deliberation process) 的目的是在投資之前，找出任何隱藏、不清的風險和假設。具體做法是：(1) 組成跨部門團隊；(2) 定義產品或技術研發的目標；(3) 設定技術、成本、時程和資源需求的門檻；(4) 澄清有關市場、客戶、對手、技術、產品、製造、法規、供應鏈、配送及服務等各方面的相關問題。目標審查程序可以由產品鬥士 (product champion) 主持討論，執行得當可以取得所有關係人的高度承諾和資源投入。

2. 技術階段關卡程序：技術階段關卡程序 (TSG, technology stage-gate process) 是針對技術不確定性比較高的產品概念，所進行的評估和探索的過程。如果技術不確定性較低，那麼技術的審查程序可以納入產品開發階段實施。技術階段關卡程序的特點是無法排定時程，因為整個過程需要幾個階段沒辦法預先知道，每個階段的產出也無法預先設定，雖然希望達成的研發結果知道，但是如何達成具有高度不確定性。技術階段關卡程序包括 6 個主要組成：(1) 授權書 (charter)；(2) 技術審查委員會 (TRC, technology review committee)；(3) 技術審查程序 (technology review process)；(4) 技術發展計劃 (technology development plan)；(5) 技術發展團隊 (technology development team)；(6) 流程負責人 (process owner)。
3. 產品鬥士：產品鬥士 (product champion) 是指協助產品研發完成並且成功上市的一個志願的非正式領導人。他的功能輕者可能只是提高產品機會的意識，重者則可能是排除研發的阻力和障礙，產品鬥士不一定需要負責產品開發的任何一部份，但是他卻可以協助產品跨過從技術發展到產品上市的死亡之谷 (valley of death)，它是指因為技術人員和行銷人員的專業背景及人格特質的不同，所造成在研發過程的鴻溝。產品鬥士需要完成的任務包括：(1) 發掘研究的商業價值；(2) 將研究價值轉變成產品；(3) 溝通專案源由；(4) 尋求研發資源；(5) 減少研發風險；(6) 爭取核准研發；(7) 協助產品上市等。
4. 其他：其他適用的任何方法。

限制及假設	技術不確定性：技術不確定性比較高的產品構想，會直接影響產品概念的評估品質。
產出	1. 概念說明：概念說明 (concept statement) 是一個產品概念的口頭或是圖像描述，如果已經可以詳細說明所要解決的問題時，稱為產品設計規格 (PDS, product design specification)。如果此時仍然無法定義清楚設計規格時，則可以在概念設計階段時再予以定義。概念說明也被稱為產品需求 (product protocol)。 2. 專案源由：專案源由 (business case) 是說明為什麼某個產品概念值得研發的一個文件。 3. 產品研發授權書：產品研發授權書 (PIC, product innovation charter) 說明產品研發專案的 who (由誰負責)，what (要做什麼)，where (執行地點)，when (時間限制) 和 why (為何要做)。 4. 技術開發計劃：技術開發計劃 (TDP, technology development plan) 是用來引導高風險和高不確定性技術專案的進行，內容包括研發策略、市場需求、競爭分析、專案目標、粗略財務分析、技術績效指標、研發時程、專案組織、初期風險評估等。 5. 產品開發計劃：產品開發計劃 (PDP, product development plan)是一個完整說明產品開發計劃的文件，目的是做為後續產品開發及產品上市的引導和依據。 6. 專利申請：詳細請參閱〈構想選擇〉。

產品開發

產品開發 (如圖 8.1) 是根據產品開發計劃，把產品概念說明 (concept statement) 具體化成實體產品的過程，也就是把市場或客戶的產品概念，設計成符合客戶需求的產品。這個過程不論是哪種產業的產品開發，大致上都可以歸納成如圖 8.1 的幾個步驟。稱為階段—關卡程序 (stage gate process)，其中 Stage 是產品開發的每個步驟，Gate 則是每個步驟完成後的檢驗，用來決定是否可以進入下一個 Stage。常用來做為 Gate 審查的標準有技術可行性 (technology feasibility)、市場潛力 (market potential)、策略配適度 (strategic fit)、銷售目標 (sales objectives)、產品性能 (product performance)、產品優勢 (product advantage)、投資報酬率 (return on investment)、品質目標 (quality objectives)、潛在利潤 (profit potential)、客戶接受度 (customer acceptance) 等等。產品開發階段的主要工作項目有以下幾項 (如圖 8.2)：

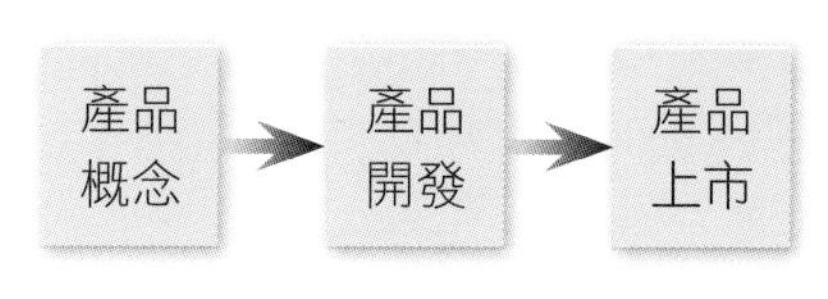

圖 8.1　產品開發階段

1. 概念設計。
2. 系統分析。
3. 初步設計。
4. 細部設計。
5. 原型製作。
6. 產品測試。

圖 8.2　**產品開發階段步驟**

8.1 概念設計

概念設計 (concept design) 是產品開發的第一個步驟，它是產品研發專案正式發起之後，研發團隊依據專案源由，把概念說明轉成產品說明的過程。概念設計的主要任務是確定客戶或使用者的需求、產品的性能規格、以及法規限制等等。具體來說，概念設計必須考慮的重點有：(1) 使用者的性能要求；(2) 成本花費；(3) 完成期限；(4) 製造費用；(5) 法律規定；(6) 產業標準；(7) 原料取得；(8) 市場潛力；(9) 安全要求；(10) 訓練需求；(11) 維修要求；(12) 售後服務等等。另外，在進行概念設計時，必須要澄清以下幾個要項：

1. 產品要達成的目標是什麼？特別是現有產品達不到的那部份。
2. 產品如何達成預定的目標？
3. 產品在什麼環境下運作？有哪些特別的惡劣情況？
4. 產品使用者是誰？

5. 有哪些技術方案可供選擇？

圖8.3 為概念設計的方法。

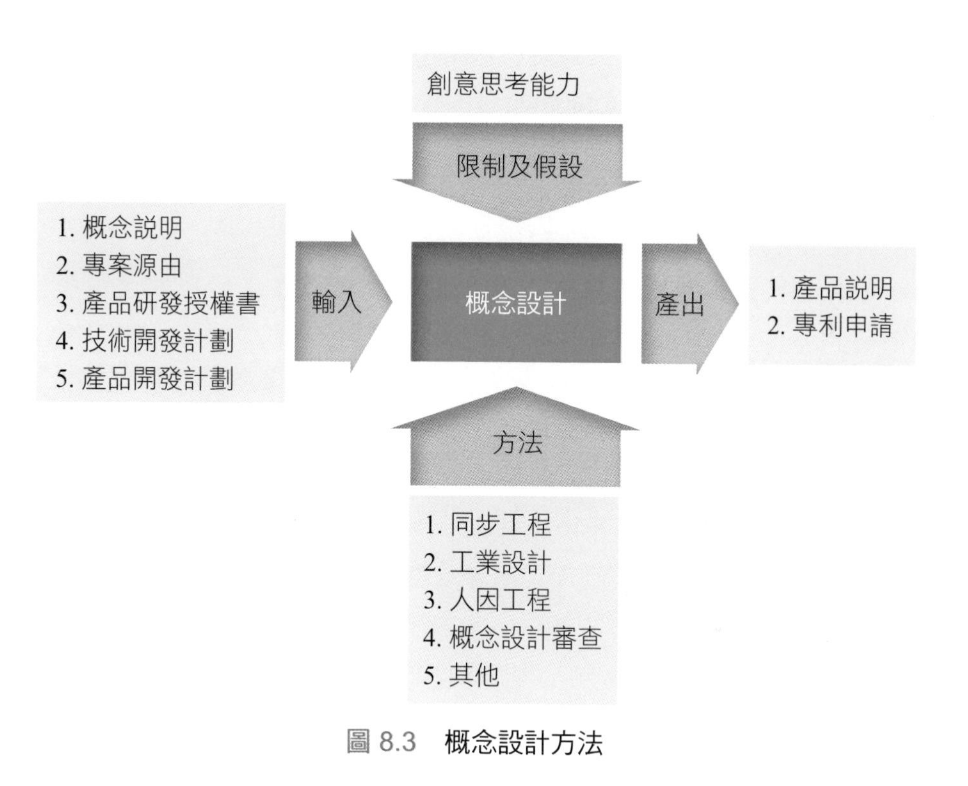

圖 8.3　概念設計方法

輸入	1. 概念說明：詳細請參閱〈概念定義〉。 2. 專案源由：詳細請參閱〈概念定義〉。 3. 產品研發授權書：詳細請參閱〈概念定義〉。 4. 技術開發計劃：詳細請參閱〈概念定義〉。 5. 產品開發計劃：詳細請參閱〈概念定義〉。
方法	1. 同步工程：同步工程 (concurrent engineering) 是把企業內和產品研發有關的所有人員，全部同一時間整合在一起，以便概念設計時，可以同時考慮到所有的問題。

	2. 工業設計：工業設計 (industrial design) 是希望在平衡產品功能、價值和外型下，去最佳化產品的外型設計。工業設計的過程必須納入視覺感知的一些規則，例如對稱法則 (rule of symmetry)、幾何法則 (rule of geometry)、接近法則 (rule of proximity)、相似法則 (rule of similarity)、連續法則 (rule of continuation)、黃金比例 (golden ratio, 0.618)、視覺簡潔性 (visual simplicity) 等。 3. 人因工程：考慮方便使用者操作產品的人體工學 (human factors)。 4. 概念設計審查：概念設計審查 (concept design review) 是審查概念設計符合產品概念說明的程度。 5. 其他：其他適用的任何方法。
限制及假設	創意思考能力：概念階段的成功關鍵是企業成員的創意思考能力。
產出	1. 產品說明：有關產品的詳細說明文件，包括期望的功能及外型，又稱為設計規格 (design specification)。 2. 專利申請：詳細請參閱〈構想選擇〉。

8.2 系統分析

系統分析 (system analysis) 的主要目的是獲得所有產品子系統 (subsystems) 以及各主要元件 (major components) 的詳細性能規格，這些規格包括動力需求、速度、負載、生命週期、重量、大小以及其他特定的功能變數，例如，啟動方式、傳動系統、機構設計、控制界面、操作方法、維修方式等等。另外，如果有標準零件可供選擇時，在系統分析這個步驟也會進行標準零件的可靠度、可用性和維修性(RAM, Reliability, Availability, Maintainability tradeoffs) 的取捨。系統分析的最後必須進行系統的最佳化設計 (system optimization)，它是從系統的角度，去最佳化整個系統的性能、成本、以及其他依產品之不同，而必須考量的因素。圖 8.4 為系統分析的方法。

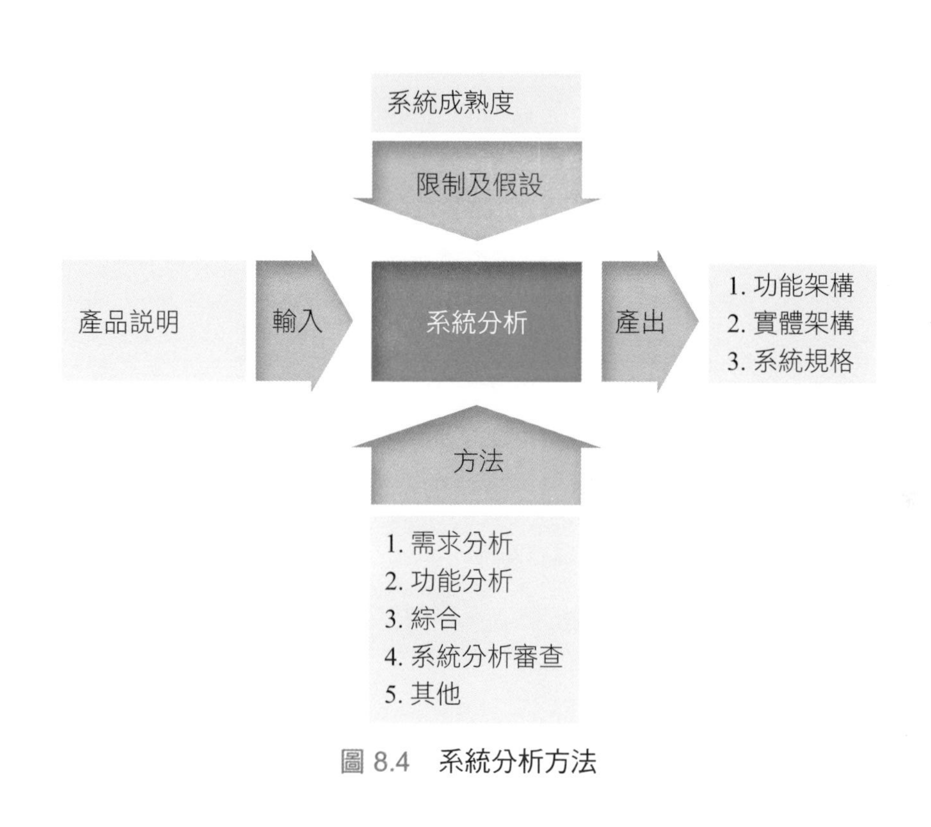

圖 8.4　系統分析方法

輸入	產品說明：詳細請參閱〈概念設計〉。
方法	1. 需求分析：確認系統功能 (function)、系統性能 (performance)、界面需求 (interface) 及其他設計上的限制。需求分析的目的是清楚完整的了解客戶的

需求。需求分析在系統分析過程，必須和功能分析一起反複進行。

2. 功能分析：功能分析 (functional analysis) 的目的是將需求分析所得到的上層系統功能，分解成比較低階的功能需求，並指定性能要求給每一個低階功能。功能分析過程可以確認出一些技術上的風險，以擬定相應的對策。圖 8.5 為系統分析的一個典型流程。
3. 綜合：綜合 (synthesis) 是設計達成功能需求的實體架構的一個過程。
4. 系統分析審查：系統分析審查 (system analysis review) 是審查系統分析的完整性、相關性以及技術需求的正確性。
5. 其他：其他適用的任何方法。

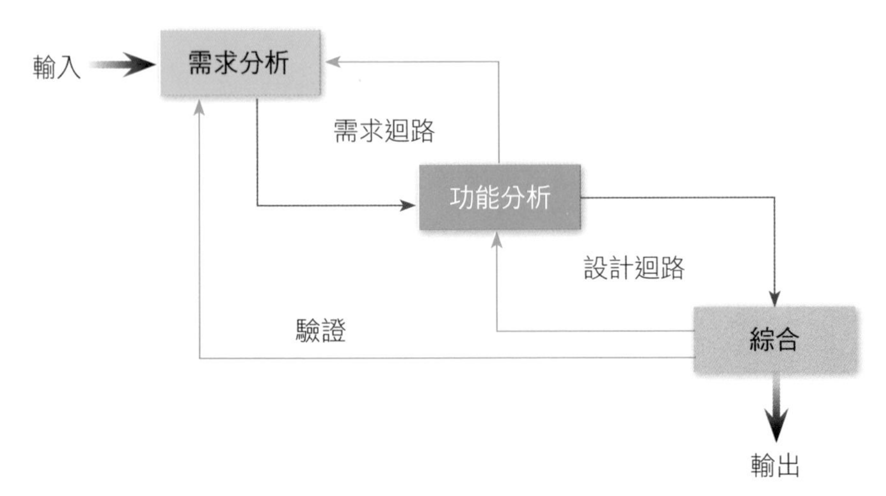

圖 8.5　系統分析流程

限制及假設	系統成熟度：是全新系統或是現有系統，會關係到系統分析的困難度。
產出	1. 功能架構：功能架構 (functional architecture) 是描述系統或元件功能的一個說明，它包括完整的功能流程圖 (functional flow block diagrams)、資料流程圖 (data flow diagrams)、時間序列分析 (time-lines analysis) 等。功能架構中也說明了系統如何運作、期望的性能等級、以及需要注意的系統界面等。 2. 實體架構：是描述系統或元件實體特徵的一個說明，實體架構是一個由下往上的說明文件，由元件、次系統而後主系統。 3. 系統規格：包括系統的性能規格和技術規格，性能規格說明產品的性能，例如功能、性能及界面。技術規格說明如何達到性能規格的產品、製程和材料規格。

8.3 初步設計

初步設計 (preliminary design) 的目的是提供細部設計所需要的架構，包括定義產品的子系統實體規格及子系統之間的界面關係。主要工作有了解需求、功能架構、實體架構、系統規格及定義界面等。初步設計完成之後要經過審查，以確定能否進入細部設計。圖 8.6 為初步設計的方法。

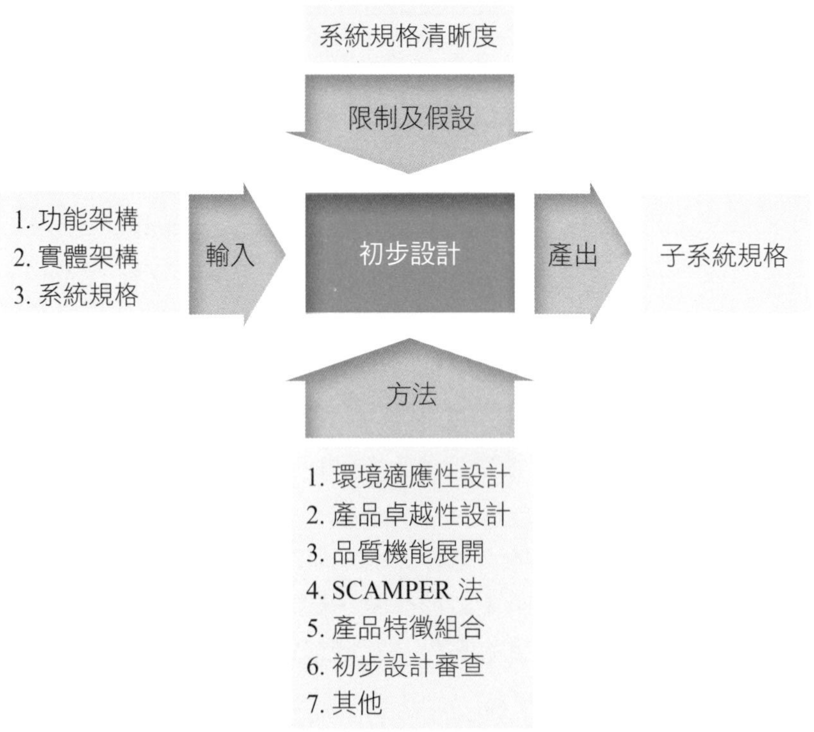

系統規格清晰度

限制及假設

1. 功能架構
2. 實體架構
3. 系統規格

輸入

初步設計

產出

子系統規格

方法

1. 環境適應性設計
2. 產品卓越性設計
3. 品質機能展開
4. SCAMPER 法
5. 產品特徵組合
6. 初步設計審查
7. 其他

圖 8.6　初步設計方法

輸入	1. 功能架構：詳細請參閱〈系統分析〉。 2. 實體架構：詳細請參閱〈系統分析〉。 3. 系統規格：詳細請參閱〈系統分析〉。
方法	1. 環境適應性設計：環境適應性設計 (DFE, design for environment) 是指在產品設計階段就考慮到如何在產品的整個生命週期，將產品對環境的傷害降到最低。因此也稱為產品生命週期分析 (product lifecycle analysis)。符合這種特性的產品稱為綠色產品 (green product)，主要特徵是省電、安全、可回收、壽命長、使用回收材料、易腐化，又稱為綠色設計 (design for green)。

	2. 產品卓越性設計：產品卓越性設計 (DFX, design for excellence) 是指在產品設計時全面性的考量產品的所有相關問題，包括可製造性 (DFM,manufacturability)、可靠度 (DFR, reliability)、維修性 (DFMt, maintainability)、組裝性 (DFA, assembliability) 等等。 3. 品質機能展開：品質機能展開 (QFD, quality function deployment) 是以系統化的方式，將客戶需求轉成產品工程規格，甚至製程參數的一種方法。過程包括建構品質屋、關係矩陣、競爭產品評比、量化設計目標、以及目標的排序等。 4. SCAMPER 法：透過使用替換 (subsititute)、組合 (combine)、調整 (adapt)、放大 (magnify)／縮小 (minify)、其他用途 (put to other uses)、刪除 (eliminate)／修改 (elaborate)、重組 (rearrange)／倒置 (reverse) 的等方式，修正和改良現有產品，可以用最快的方式得到新產品的初步設計。 5. 產品特徵組合：系統化的安排產品特徵的一種方法，它可以產生各種產品的組合型式。 6. 初步設計審查：初步設計審查 (PDR, preliminary design review) 是一個正式的技術性設計審查，以確認初步設計的架構是否正確無誤。 7. 其他：其他適用的任何方法。
限制及假設	系統規格清晰度：系統性能規格的清晰完整有助於子系統規格的確定。
產出	子系統規格：產品各個子系統的實體規格。

8.4 細部設計

細部設計 (detailed design) 是整個產品設計的完成階段，目的在於將產品的詳細尺寸和規格，繪製成系統、子系統的組合圖面及元件的工程圖面，以做為產品原型及產品雛型製作的依據。產品的細部設計會牽涉到元件規格的制定，包括零件公差 (tolerance) 及組合公差，以及幾何公差和尺寸公差。例如長寬高、表面粗糙度、垂直度、同心度、平面度、正位度等等。這些是產品元件完成後的品管標準，也是元件和元件能否組裝在一起的關鍵，因此必須依照各種設計規範執行。細部設計有可能是一個設計和分析的遞迴過程，也就是經過分析不可行會再修改細部設計。細節設計分析依產品而有不同，例如元件的干涉分析或是電腦應力分析等。圖 8.7 為細部設計的方法。

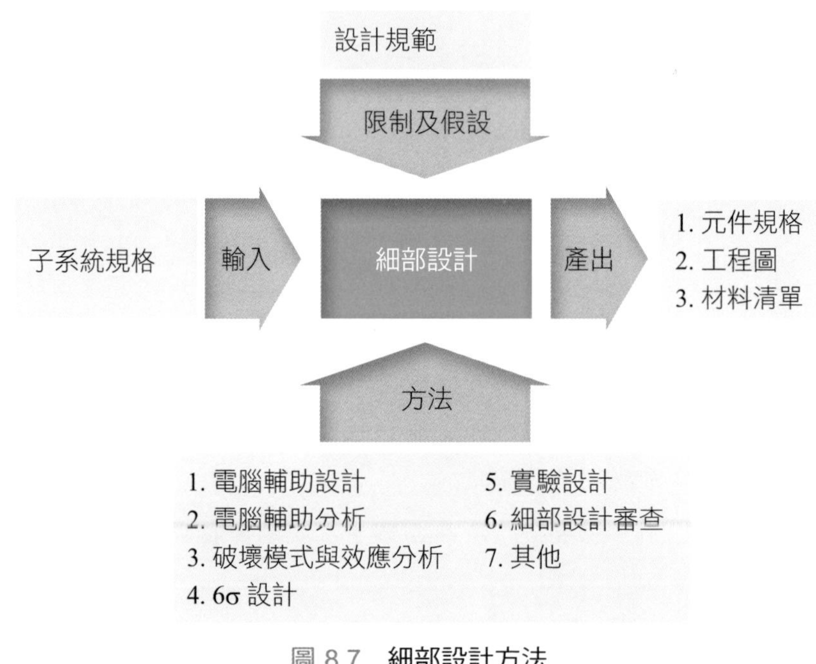

圖 8.7 細部設計方法

輸入	子系統規格：詳細請參閱〈初步設計〉。
方法	1. 電腦輔助設計：電腦輔助設計 (CAD, computer aided design) 是指設計者使用電腦來協助產品的設計，通常以 2 維 (two dimensions) 或 3 維 (three dimensions) 來呈現產品。 2. 電腦輔助分析：電腦輔助分析 (CAE, computer aided engineering)是以電腦來分析產品設計的適當與否，例如以有限元素分析 (finite element analysis) 來分析產品的應力分佈。 3. 破壞模式與效應分析：破壞模式與效應分析 (FMEA, Failure mode and effects analysis) 是探討產品可能發生問題的方式，以及它們的可能後果，然後據以修正產品設計。主要在探討產品問題的發生機率、品管難以查覺的機率以及對客戶所造成的損害嚴重性。 4. 6σ 設計：6σ 是指將產品設計成為每百萬個產品只有 3.4 次的瑕疵，目的是希望在產品開發階段就直搗產品的品質核心，而在產品上市之前解決掉大多數的品質問題，又稱為 DFSS (design for six sima)。 5. 實驗設計：實驗設計 (DOE, design of experiment) 是一種系統化的方法，用來找出影響產品品質的主要因素，以及它們之間的關係和交互作用現象。田口實驗設計 (Taguchi method) 是傳統實驗設計的簡化，它可以使用比較少的實驗次數，獲得相當不錯的結果。一般將透過實驗設計來協助找到產品最佳參數組合的產品設計方式，稱為穩健性設計 (robust design)。 6. 細部設計審查：細部設計審查 (detailed design review) 的目的是審查由初步設計架構，所展開出

	來的元件規格是否無誤，以及設計的最佳化方法是否合理。 7. 其他：其他適用的任何方法
限制及假設	設計規範：細部設計必須遵守業界的設計規範和設計標準，例如液晶顯示器標準。
產出	1. 元件規格：產品元件的工程規格。 2. 工程圖：產品元件的工程圖面，包括組合圖和零件圖。 3. 材料清單：材料清單 (BOM, bill of material) 是指包含產品所有零件種類和數量的清單。

8.5 原型製作

產品經過紙上作業的設計過程之後，接下來是把它做成實體原型 (prototype)，以驗證產品設計的正確與否。傳統的產品原型製作是先做出所需要的模具，再利用模具來製作原型。現在則是有各式各樣的快速原型製作方式 (rapid prototyping)，可以很快的做出產品的原型，大大的縮短了產品研發的時間。研發新服務的原型稱為服務概念原型 (protocept)。圖 8.8 為產品原型製作的方法。

輸入	1. 系統規格：詳細請參閱〈系統分析〉。 2. 子系統規格：詳細請參閱〈初步設計〉。 3. 元件規格：詳細請參閱〈細部設計〉。 4. 工程圖：詳細請參閱〈細部設計〉。
方法	1. 電腦模型製作：依照產品尺寸，在電腦上做出產品的三維模型 (3D)，以便在製作產品原型或雛型之前，檢驗產品的視覺效果，並可先在電腦上進

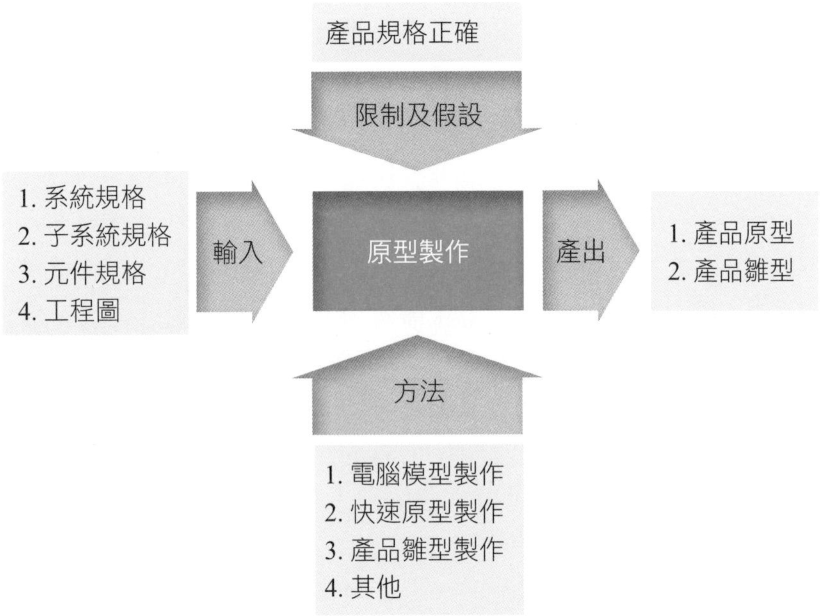

圖 8.8　原型製作方法

行各種模擬及試驗。包括有限元素分析 (FEA, finite element analysis) 等。也可以使用逆向工程 (reverse engineering) 方式將 3D 物體轉成電腦模型。

2. 快速原型製作：任何可以在數小時或數天內快速製作產品模型的方法，它可以快速檢驗產品的技術可行性和客戶的購買意願。快速原型製作通常不能進行性能測試。快速原型製作方法有：(1) 液態光聚合物硬化法 (SLA, stereo lithography apparatus)；(2) 粉末燒結法 (SLS, selective laser sintering)；(3) 薄片材料切割法 (LOM, laminated object manufacturing)；及 (4) 線性材料熱熔法 (FDM, fused deposition modeling)。其中 FDM 被稱為 3D 列印。

	3. 產品雛型製作：需要進行產品性能測試的時候，可以製作包含所有元件的完整產品雛型，而不是只有外觀形狀的產品原型。 4 其他：其他適用的任何方法。
限制及假設	產品規格正確：產品的系統、子系統及元件規格必須無誤，原型及雛型才能正確。
產出	1. 產品原型：由快速原型製作方法所製作完成的產品原型，它只是外觀形狀的產品。 2. 產品雛型：由其它雛型製作方法所製作完成的產品雛型，它可以是由很多元件所組合而成的完整產品模型。

8.6 產品測試

產品測試 (product test) 的主要目的是驗證產品設計 (design validation) 是否符合產品規格的性能要求，它可以是電腦上的模擬測試、在產品原型上測試或是在產品雛型上進行測試。產品測試也包括產品的功能審查 (functional reviews) 或功能測試 (functional testing)，其中功能審查是由一組專家，針對產品的設計尋找缺失。功能測試則是檢驗產品是否能夠如預期的展現功能。也有將產品測試分為功能測試、耐久測試和壽命測試三種。此外，產品測試可能是破壞性的測試或非破壞性的測試。圖 8.9 為產品測試的方法。

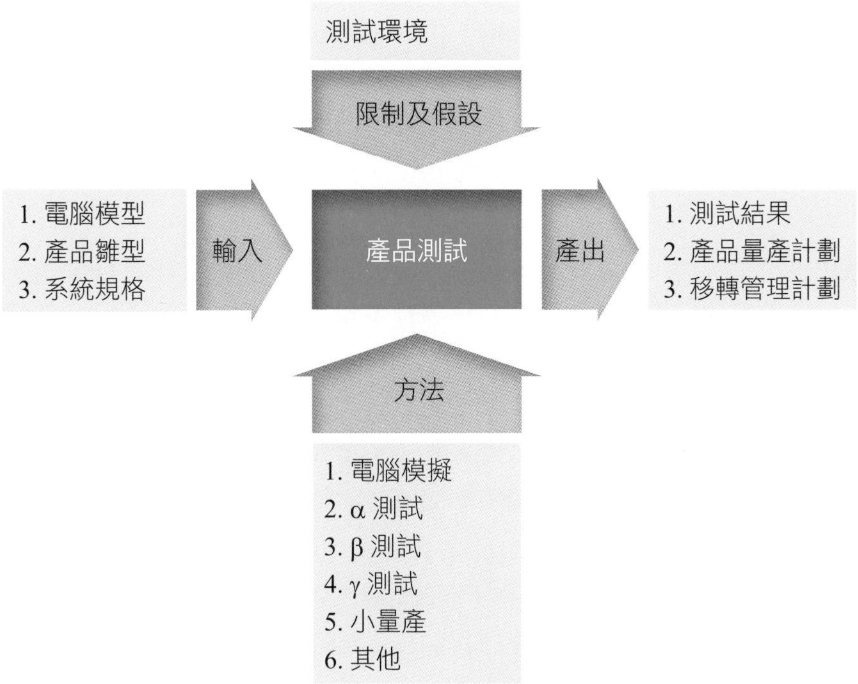

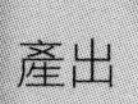

圖 8.9　**產品測試方法**

輸入	1. 電腦模型：產品的 3D 電腦模型。 2. 產品雛型：詳細請參閱〈原型製作〉。 3. 系統規格：系統的性能規格，詳細請參閱〈系統分析〉。
方法	1. 電腦模擬：在電腦上設計產品的使用環境模式，然後模擬產品的可能變化，或是利用虛擬實境 (VR, virtual reality) 方式來驗證產品可用性。 2. α 測試：α 測試 (Alpha 測試) 是在產品試產之前，以實驗室或企業內部的方式進行產品的測試，目的是找出設計上的明顯缺失。α 測試執行方式有：(1) 內部實驗；(2) 專業人員 (3 到 6 人)，例如評酒師；(3) 內部員工 (至少 30 人)。

	3. β 測試：β 測試 (Beta 測試) 是產品試產前的外部測試，目的是找出產品在實際環境下使用，在功能上可能發生的所有問題。 β 測試的樣本數一般可以採用下列公式求得： $$樣本數 = 4(A \times B) / (A - B)^2$$ 其中 A 為喜愛本產品的百分比，B 為喜愛對手產品的百分比。以這個樣本數目進行測試，可以避免錯誤的測試結果。 β 測試的測試地點，消費性產品以集中地點 (central location) 測試為佳，工業產品則以現地 (on site) 測試為佳。為了降低 β 測試的誤差，一般建議以下列順序進行：(1) 遮蔽測試 (blind tests)；(2) 品牌測試 (brand tests)；(3) 整體測試評估。 4. γ 測試：γ 測試 (Gamma 測試) 是一個理想的產品測試，產品必須符合客戶的所有需求，才能稱為通過 γ 測試。 5. 小量產：以生產少量產品 (pilot production) 來測試製造流程的順暢程度，做為大量生產時的改進依據。 6. 其他：其他適用的任何方法。
限制及假設	測試環境：測試環境能否代表產品的真實使用狀況，是產品測試結果正確與否的關鍵。
產出	1. 測試結果：產品的測試結果，可能是通過或不通過，如果是不通過。可能需要修正產品的設計。 2. 產品量產計劃：如果產品測試通過，並且經過小量產的考驗，接著必須規劃產品的量產計劃，包括原料的採購、量具、夾治具 (jig and fixture) 的設計、以及製造流程的最佳化等等。

	3. 移轉管理計劃：針對突破性產品以及平台研發專案，為了能夠順暢的將新產品由研發部門移轉給例行性的作業部門，例如生產部門及行銷部門，可以制定移轉管理計劃 (transition management plan)，並設立：(1) 移轉經理 (transition manager)；(2) 移轉監督委員會 (transition oversight board)；(3) 移轉團隊 (transition team)。計劃內容包括：(1) 技術妥善度；(2) 系統妥善度；(3) 製造妥善度；(4) 軟體妥善度；(5) 夥伴妥善度；(6) 競爭優勢說明；(7) 上市妥善度；(8) 銷售能量妥善度等等。

產品上市

產品在上市之前必須確定所有相關的前置作業已經完備，包括產品上市計劃 (product launch plan)、量產績效評估 (production performance)、市場接受度評估 (market receptivity)、包裝設計、銷售管道、銷售預測、生產文件、製造流程、原料庫存、工程採購、產品操作維修手冊、文宣廣告資料、業務人員培訓、生產妥善度審查 (production readiness review)、後勤運送 (distribution pipeline)、顧客服務系統建立、技術人員訓練等等。產品上市的主要目的是將新產品銷售出去，而產品銷售的重點在於讓客戶對產品從毫無所知到變成產品的愛用者。也就是透過以下幾個步驟來創造產品的使用者 (A-T-R 模式，awareness, trial, repeat)：(1) 廣告宣傳；(2) 提供試用；(3) 主動購買；及 (4) 重複使用等。此外產品的銷售應該要充分應用行銷組合策略，也就是產品 (product)、價格 (price)、管道 (place) 及廣告 (promotion) 等的四 P 原則。銷售人員除了要熟悉銷售的 FAB 技巧之外，即強調產品的特性 (features)、產品的優勢 (advantages) 和產品對客戶的利益 (benefits)。更要善用產品推銷的 BIV 流程：(1) 說明產品的利益 (benefit)；(2) 讓客戶參與產品的操作 (involve)；(3) 具體呈現產品的特點 (visible)。並且要充分了解顧客購買產品的心理層面需求，包括 (1) 禮貌 (polite)；(2) 效率 (efficent)；(3) 尊重 (respectful)；(4) 友善 (friendly)；(5) 熱誠 (enthusiastic)；(6) 愉快 (cheerful)；(7) 機智 (tactful) 等，上面幾項英文的第一個字母合在一起簡稱為 PERFECT。產品上市階段如圖 9.1 所示，而產品上市階段的主要工作事項包括 (如圖 9.2)：

1. 上市規劃。
2. 廣告規劃。
3. 通路規劃。
4. 廣告宣傳。
5. 人員訓練。
6. 產品銷售。
7. 銷售評估。

圖 9.1　產品上市階段

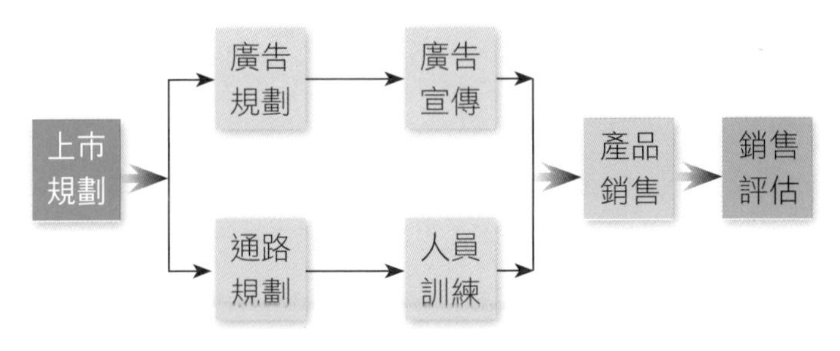

圖 9.2　產品上市階段步驟

9.1 上市規劃

產品上市規劃 (launch planning) 是規劃產品正式上市之前，應該做好的所有準備工作，包括產品的定位、目標市場、上市的時程、上市的規模、上市的預算、產品包裝及保證、宣傳方式、主要里程碑，正式上市前的產品試銷等等。細節部份考量應該包含對手的上市時間，生產線的產能、庫存量控制、和上個產品上市的間隔時間、季節性因素、客戶購買週期、全面上市 (full-scale launch) 或局部上市 (rollout)、行銷管道、綠色包裝 (green packaging)、公共關係、廣告宣傳、媒體策略、售後服務等等。圖 9.3 為上市規劃的方法。

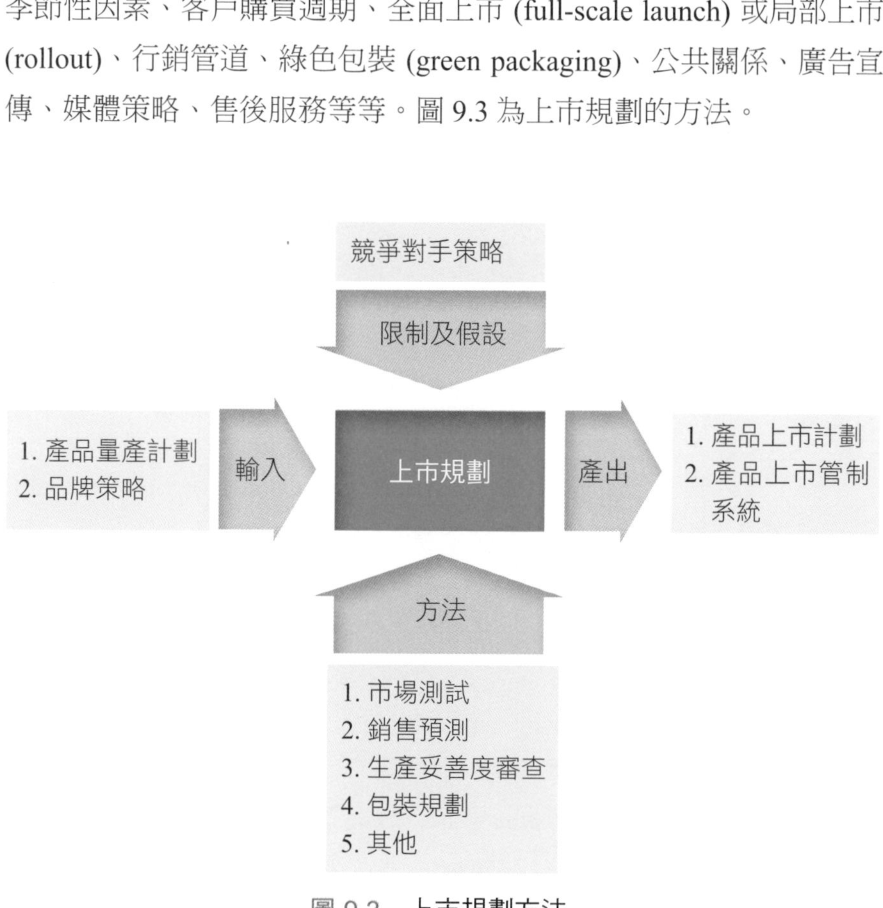

圖 9.3　上市規劃方法

輸入	1. 產品量產計劃：詳細請參閱〈產品測試〉。 2. 品牌策略：好的品牌策略 (brand strategy) 可以簡化顧客的購買決策，所以制定品牌策略時必須充分展現企業的形象和產品的意象。品牌必須：(1) 容易記憶 (可記憶性)；(2) 可延伸到其他品類 (可轉讓性)；(3) 可隨時間變更品牌要素 (可調整性)；(4) 可以透過法律保護 (可保護性) 等。
方法	1. 市場測試：市場測試 (market testing) 是指在產品正式上市前的市場接受度評估 (market receptivity)。例如透過先期客戶 (lead users) 的預先使用產品，來得知產品的市場接受度。市場測試又可以分為三種類型：(1) 虛擬銷售 (pseudo sales)：包括電話虛擬 (pseudo sales calls) 及現地虛擬 (STM, simulated test marketing) 等；(2) 控制銷售 (controlled sales)：例如定點少量銷售 (minimarkets)；(3) 全面銷售 (full sales)：選定特定區域進行產品銷售。 2. 銷售預測：產品的銷售量預測可表示為： 淨銷售量 ＝ (市場大小) × (佔有率) × (購買率) × (每次購買量) × (購買次數) － (市場阻力減少量) － (同類產品互蝕量) 其中市場阻力 (market friction) 是任何會抑制產品銷售的外在因素，例如產品需要客戶改變習慣等。產品銷售量也可以使用傳統的時間序列 (time series) 等方式預測。也可以利用 ATR 模式來預測產品銷售利潤： 利潤 ＝ (市場大小) × (知道產品比率) × (嘗試產品比率) × (可買到產品比率) × (重覆購買比率) × (每年購買量) × (每件價格 － 每件成本)。

	3. 生產妥善度審查：檢驗從原料進貨、產品生產、到順利出貨的一連串過程的妥善度。 4. 包裝規劃：產品的包裝 (packaging) 應該考量包裝方式及材料對環境的友善程度，例如再用性、資源耗用量、安全性、使用壽命及分解能力等。產品的包裝又可以分為：(1) 第一層包裝 (primary packaging)：直接接觸產品的包裝，例如容納藥丸的罐子；(2) 第二層包裝 (secondary packaging)：可以承載一個或數個第一層包裝以做為陳列或儲存之用的包裝，例如藥罐外的紙盒包裝；(3) 第三層包裝 (tertiary packaging)：承載數個第二層包裝以做為運輸之用的包裝，例如大的紙箱或棧板。產品包裝的主要功能有以下幾項：(1) 保護產品不被毀損；(2) 方便移動運輸產品；(3) 宣傳陳列吸引顧客；(4) 避免外溢造成傷害；(5) 註記產品使用須知；(6) 符合法令規定等等。 5. 其他：其他適用的任何方法。
限制及假設	競爭對手策略：產品的上市規劃會受到競爭對手策略的影響。
產出	1. 產品上市計劃：包括市場說明、主要目標市場、次要目標市場、產品策略、行銷策略 (包括價格策略、廣告策略及配銷策略)、售後服務策略等等。其中產品策略包括產品定位、競爭差異等。價格策略包括套裝定價、散裝定價、尖峰定價、試用價、折扣、保證等等。廣告策略包括廣告的頻率 (frequency)、廣告的接觸面 (reach) 等。配銷策略則包括滲透率 (penetration)、覆蓋率 (coverage) 等。產品定位可以做成產品定位聲明，以做為行銷活動

的依據。定位聲明的例子如下：對中小企業經理來說 (市場區隔)，PhoneCom (品牌)，因為它有和電腦及手機互通的能力 (競爭力)，是一種可以提供更強功能的 (差異化)，口袋式個人數位秘書 (顧客認定的競爭產品)。

2. 產品上市管制系統：產品上市管制系統 (launch control system) 的主要目的是用來確保產品上市的成功，內容包括四個重點：
   (1) 確認潛在問題：透過狀況分析 (situation analysis)、競爭對手角色扮演 (role-play)、新產品資料的再次審視，以及回溯達成客戶滿意度所需要做到的所有事項 (hierarchy of effects)，來確認出可能的上市問題。
   (2) 分析及排序問題：分析問題發生的機率和衝擊大小，來決定哪些問題必須馬上行動，哪些問題可以進一步觀察。
   (3) 制定備用方案：針對問題制定備用方案。
   (4) 設計追蹤系統：包括期望結果、追蹤參數的實際資料、期望和實際的誤差、以及執行備用方案的門檻值等。

9.2 廣告規劃

廣告規劃 (promotion planning) 是指規劃可以提高產品知名度及銷售量的所有宣傳活動，包括和產品有關的公義活動、贊助、展示、記者會，以及制定廣告策略和媒體策略。最重要的是要把產品定位策略，轉成宣傳的資訊，然後再選擇最適當的媒體策略，將這些資訊傳達給目標市場及消費者，以極大化廣告的效果。圖 9.4 為廣告規劃的方法。

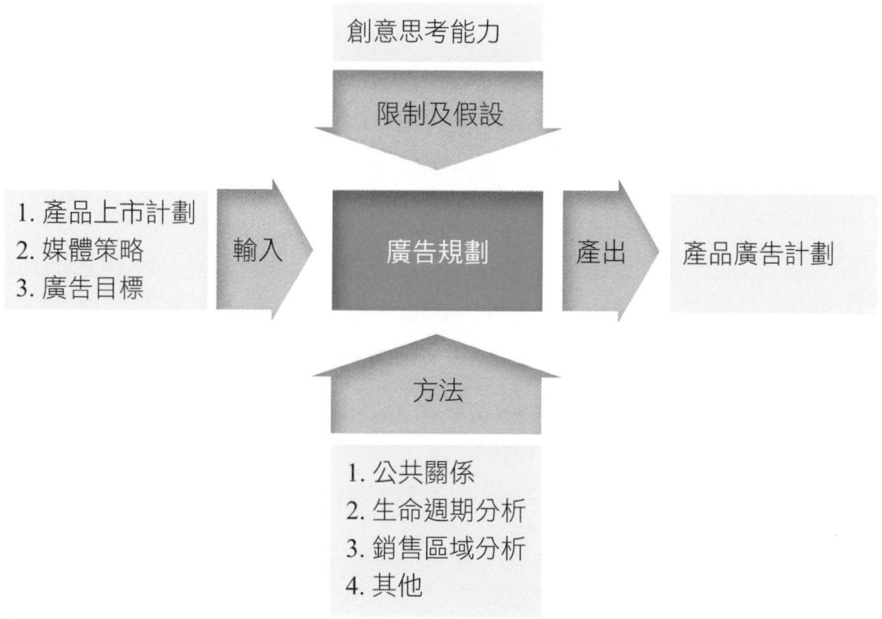

圖 9.4　廣告規劃方法

輸入	1. 產品上市計劃：詳細請參閱〈上市規劃〉。 2. 媒體策略：媒體策略 (media strategy) 是指傳遞訊息給潛在客戶的途徑策略，包括商展、銷售員、銷售管道、平面媒體、DM (direct mail)、電子廣告等等。 3. 廣告目標：確認產品的廣告目標，例如：如果目標是為了提高知名度，那麼廣告目標可以表示成：「上市 3 個月後，40% 的消費者知道產品 A 的存在」。廣告目標應該包括要向誰廣告、傳達什麼訊息以及要達到什麼目的，例如提升形象、提升知名度等等。

方法	1. 公共關係：公共關係 (public relations) 是指企業透過各種活動來提高產品的能見度，包括演講、贊助、開放參觀、音樂會、運動會、比賽等等。具體做法可以歸納成為以下幾類：(1)出版品 (publications)；(2) 活動贊助 (events)；(3) 產品報導 (news)；(4) 社區參與 (community involvement activities)；(5) 招牌宣傳 (identity media)；(6) 遊說活動(lobbying activities)；及 (7) 社會服務 (social responsibility activities) 等等，第一個字母合起來稱為 PENCILS。 2. 生命週期分析：生命週期分析 (life time analysis) 是分析哪些客戶會在未來的哪一段時間內，成為企業利潤的主要來源，因此是廣告規劃的主要對象。 3. 銷售區域分析：銷售區域分析 (trade area analysis) 是分析潛在客戶的主要可能分佈區域，以做為廣告規劃的參考。 4. 其他：其他適用的任何方法。
限制及假設	創意思考能力：廣告訊息的設計和呈現決定於廣告設計團隊的創意思考能力。
產出	產品廣告計劃：一個有關產品廣告的完整計劃，內容包括廣告進度、時程、預算、媒體組合及所有的廣告活動等，另外也包含廣告的推 (push strategy) 策略及拉 (pull strategy) 策略。「推」策略是以打折方式，透過所有可能的管道，將產品賣到客戶手中。「拉」策略是以密集的宣傳來吸引客戶購買產品，包括商業展覽、通路、網路、媒體等。

9.3 通路規劃

通路規劃 (channel planning) 是指規劃產品的銷售通路，也就是企業和客戶之間的產品銷售點。銷售通路有直接通路 (direct sales channels) 和間接通路 (indirect sales channels) 兩種，直接通路是指直接透過企業的銷售人員、DM、網路、直營店，將產品販售到客戶手上。間接通路則是指經由經銷商 (distributors)、大盤商 (wholesalers)、代理商 (agents)、零售商 (retailers)、中介商 (brokers)、轉售商 (reseller/VAR, value-added reseller)、授權代表 (representatives) 等，將產品賣給客戶。當然這裡所指的客戶可以是產品的使用者，或是上述供應鏈中的任何一種角色。

通路規劃時要避免通路之間的互相衝突。此外，規劃通路時除了要考慮到通路的成本、銷售成長、擴展能力、專業人員、知名度等之外，還要考量通路商的業界形象、財務能力、流程效率、服務水準、承諾程度、資源投入多寡、共榮共享意願以及願景的一致性等。圖 9.5 為簡化的產品銷售通路圖。圖 9.6 為通路規劃的方法。

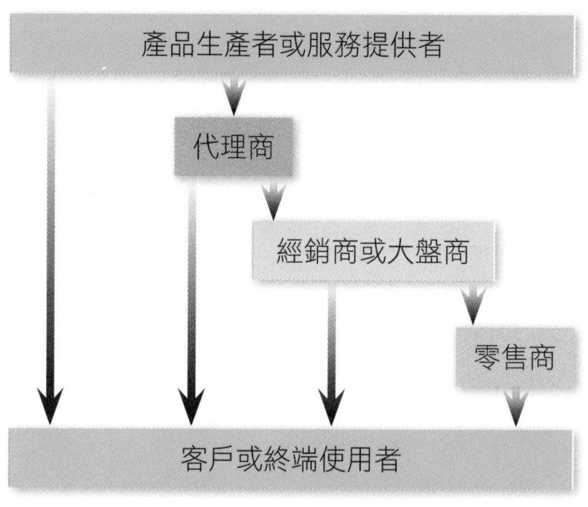

圖 9.5　產品銷售通路圖

圖 9.6　通路規劃方法

輸入	1. 產品上市計劃：詳細請參閱〈上市規劃〉。 2. 通路策略：通路策略 (channel strategy) 是指由企業到客戶之間的銷售管道策略，好的通路策略可以為企業帶來最大的銷售效益。
方法	1. 供應鏈管理：供應鏈管理 (SCM, supply chain management) 是整合企業從上游供應商到下游客戶的管理制度，包括採購管理、生產管理、運送管理、庫存管理、訂單管理、後勤管理、以及銷售通路的供需管理等等。 2. 通路選擇：根據一些評估的標準，來選出最適當的通路，例如交易成本、加速成本、交易容量、管理困難度、履約能力、獲利能力、客戶接受度等。 3. 其他：其他適用的任何方法。

限制及假設	通路新穎性：規劃全新通路的困難度一定是比較高的。
產出	通路管理計劃：完整的產品通路管理計劃，內容包括訂單處理、庫存量控制、運送管理、以及通路的激勵和績效評估等。

9.4 廣告宣傳

廣告宣傳 (product promotions) 產品的目的是藉著增加產品的曝光率，來提高產品的知名度和銷售量。廣告宣傳必須依據產品廣告計劃來執行，重點事項包含有廣告的時程控制、目標市場、廣告對象、廣告訊息、廣告媒體、廣告頻率、廣告預算等等。廣告過程應該要隨時評估廣告的效果，以進行必要的調整。圖 9.7 為廣告宣傳的方法。

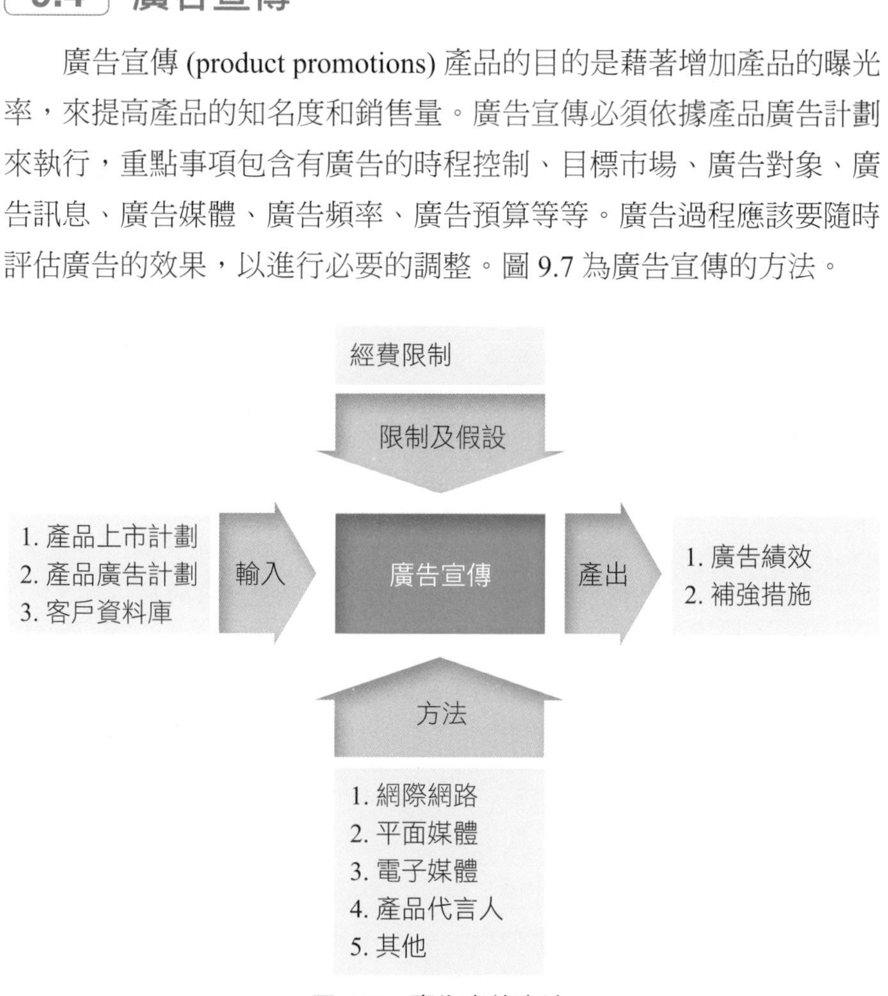

圖 9.7　廣告宣傳方法

輸入	1. 產品上市計劃：詳細請參閱〈上市規劃〉。 2. 產品廣告計劃：詳細請參閱〈廣告規劃〉。 3. 客戶資料庫：可以利用企業現有的客戶資料庫，包括由客戶關係管理系統所累積的資料，提高廣告宣傳的聚焦效果。
方法	1. 網際網路：在網際網路上廣告產品，包括電腦及手機等。 2. 平面媒體：在雜誌及報紙上廣告產品。 3. 電子媒體：在電視及電台上廣告產品。 4. 產品代言人：聘請模特兒或知名人士擔任產品代言人，搭配上述媒體宣傳產品。 5. 其他：其他適用的任何方法。
限制及假設	經費限制：經費不足是廣告宣傳的最大限制。
產出	1. 廣告績效：廣告目標的績效達成率，例如產品知名度提升百分比、產品試用率提升百分比、產品銷售量提升百分比、或是廣告投資報酬率 (ROPI, return on promotional investment) 或 (ROAI, return on advertising investment) 等等。 2. 補強措施：如果之前的廣告績效不如預期，可能需要其他的補強措施，來提高廣告目標的達成率。

9.5 人員訓練

人員訓練 (staff training) 的目的是在產品銷售之前，對所有參與的人員、包括行銷人員及技術人員，如組裝人員及維修人員等，實施必要的教育訓練，以具備推銷、說明、解答、說服、解決問題、產品操作、產品組裝、產品除錯等等的能力，甚至是團隊協同合作達成任務的方法、程序及重點。人員訓練的落實與否是產品銷售成敗的主要關鍵之一。圖 9.8 為人員訓練的方法。

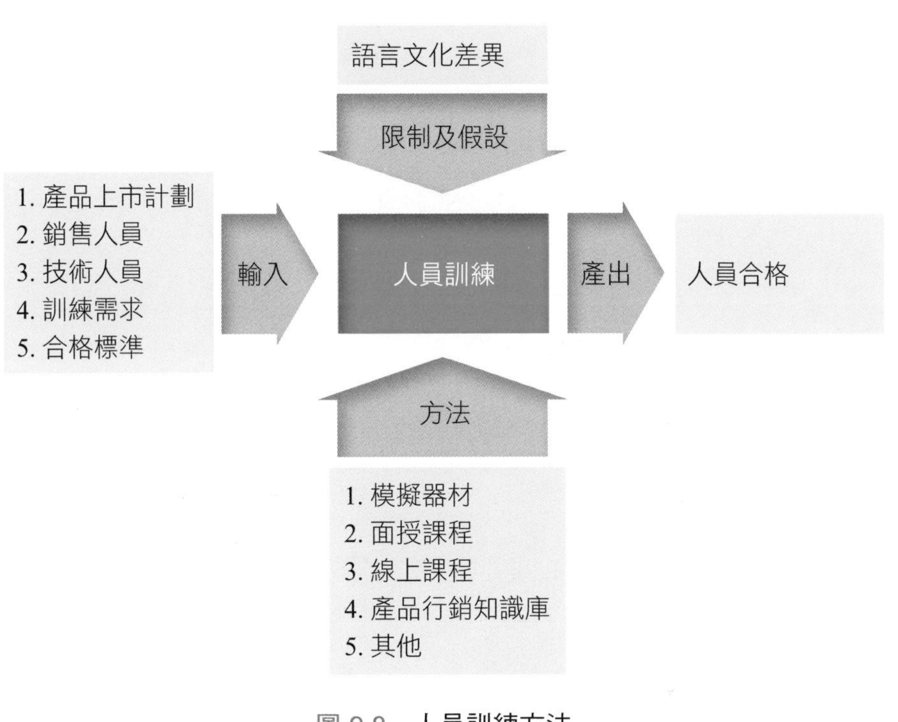

圖 9.8　**人員訓練方法**

輸入	1. 產品上市計劃：詳細請參閱〈上市規劃〉。 2. 銷售人員：負責產品銷售的人員。 3. 技術人員：負責產品組裝及維修的人員。 4. 訓練需求：銷售及技術相關人員所需要接受訓練的項目。 5. 合格標準：每個訓練項目的合格標準。
方法	1. 模擬器材：以產品模擬器材進行狀況模擬的訓練，例如模擬軟體或實體模擬器。 2. 面授課程：以集中面對面方式進行訓練。

	3. 線上課程：以線上同步或非同步學習的方式進行訓練。 4. 產品行銷知識庫：以電腦化產品行銷知識庫進行訓練。 5. 其他：其他適用的任何方法。
限制及假設	語言文化差異：參與訓練的人員如果有語言和文化的差異，會提高訓練的困難度。
產出	人員合格：人員完成訓練並且達到合格標準，可以正式參與產品的銷售。

9.6 產品銷售

產品銷售 (product sales) 是指透過各種方式將新產品銷售到客戶手上，包括工業產品的客戶和消費產品的客戶。產品的銷售可以由企業直接面對客戶或是透過中間商進行，直接面對客戶雖然利潤會比較高，但是可能需要從頭建立銷售管道，因此面臨的問題也相對比較多。由中間商協助產品的銷售，雖然利潤需要和供應鏈 (supply chain) 上的所有關係人分享，但是因為專業程度及銷售管道建立成本等因素，整體成本很可能反而比較低，因此企業必須找出最佳的產品銷售方式。圖 9.9 為產品銷售的方法。

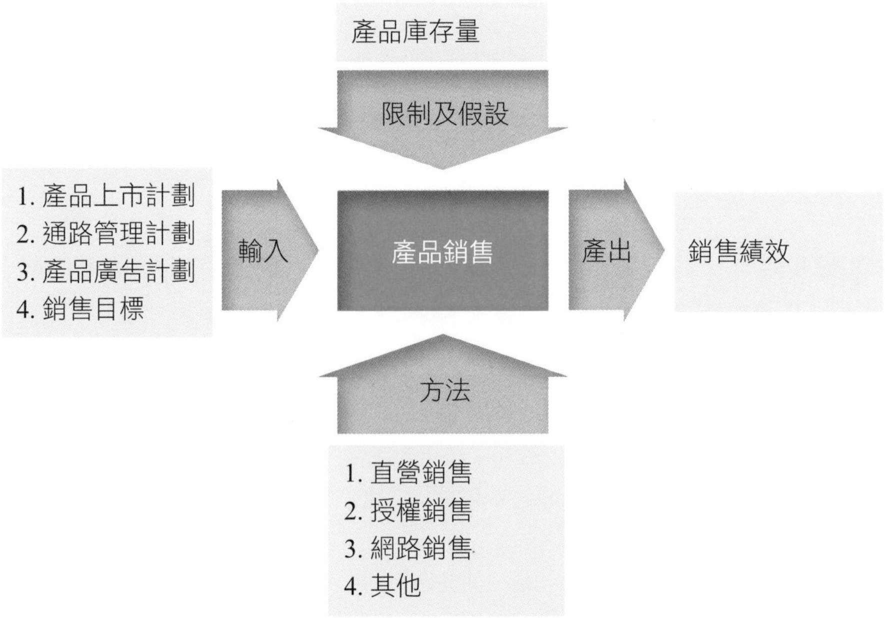

產品庫存量

限制及假設

1. 產品上市計劃
2. 通路管理計劃
3. 產品廣告計劃
4. 銷售目標

輸入

產品銷售

產出

銷售績效

方法

1. 直營銷售
2. 授權銷售
3. 網路銷售
4. 其他

圖 9.9 **產品銷售方法**

輸入	1. 產品上市計劃：詳細請參閱〈上市規劃〉。 2. 通路管理計劃：詳細請參閱〈通路規劃〉。 3. 產品廣告計劃：詳細請參閱〈廣告規劃〉。 4. 銷售目標：原先預定的產品銷售目標，目標制定應該符合SMART 的原則，並以動詞開頭，例如：「達成在一年內，從年輕人市場，藉由網路行銷方式，增加 5000 萬營業額」。
方法	1. 直營銷售：由企業直接接觸終端客戶進行產品銷售。 2. 授權銷售：企業授權給第三者進行產品銷售，例如代理商、經銷商、零售商。

	3. 網路銷售：透過企業網站進行產品銷售，包括工業產品的企業對企業模式 (B2B, business to business) 或消費產品的企業對客戶模式 (B2C, business to customer)。 4. 其他：其他適用的任何方法。
限制及假設	產品庫存量：產品庫存量的管制是否得當，是產品銷售能否順暢的重要關鍵。
產出	銷售績效：新產品上市之後的銷售績效，可以是總銷售金額、總銷售數量或是總銷售利潤。

9.7 銷售評估

銷售評估 (sales evaluation) 的目的是希望獲知在某一段時間當中，企業產品在目標市場的銷售情況、包括相對於對手的市場佔有率、對企業最有價值的客戶群、客戶及對手的相對地區分佈、企業產品在每個區域的銷售成本、以及企業應如何去選擇新的銷售區域等等。圖 9.10 為銷售評估的方法。

輸入	1. 產品上市計劃：詳細請參閱〈上市規劃〉。 2. 銷售目標：詳細請參閱〈上市規劃〉。 3. 銷售績效：詳細請參閱〈產品銷售〉。
方法	1. 市場佔有率分析：市場佔有率分析(market share analysis)可以了解產品在特定地區的市場佔有比率。 2. 價值客戶分析：價值客戶分析(profitable prospect analysis)的目的是要找出對企業最有獲利性的客戶，以做為產品銷售計劃的修正參考。

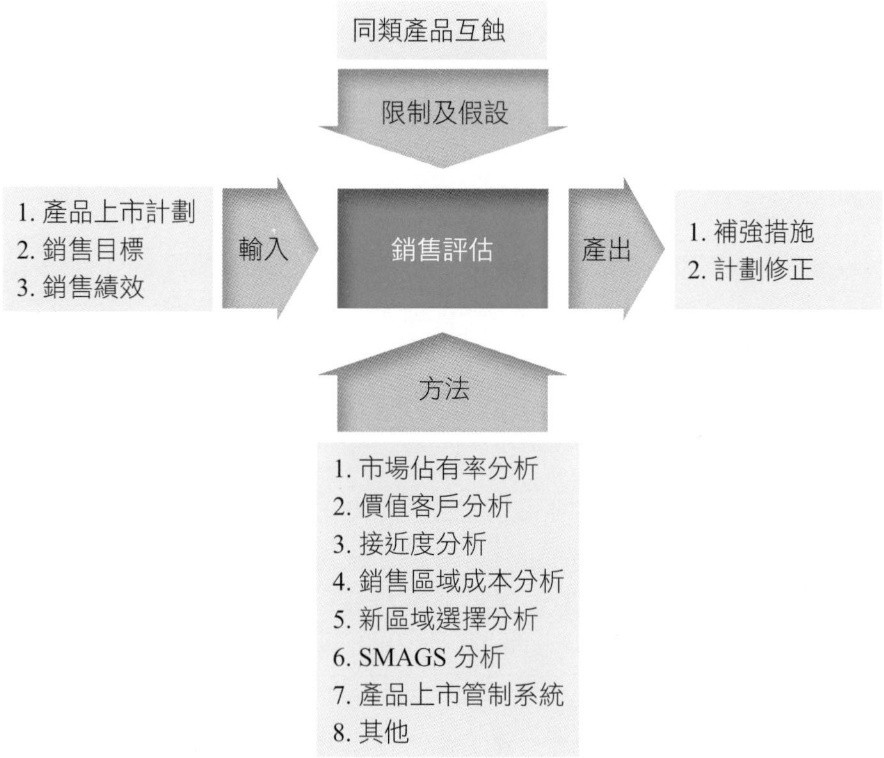

同類產品互蝕

限制及假設

1. 產品上市計劃
2. 銷售目標
3. 銷售績效

輸入

銷售評估

產出

1. 補強措施
2. 計劃修正

方法

1. 市場佔有率分析
2. 價值客戶分析
3. 接近度分析
4. 銷售區域成本分析
5. 新區域選擇分析
6. SMAGS 分析
7. 產品上市管制系統
8. 其他

圖 9.10　銷售評估方法

3. 接近度分析：接近度分析 (proximity analysis) 是用來呈現某一個地區的潛在客戶和對手的分佈，由其相對距離可以知道客戶流向對手的機率。
4. 銷售區域成本分析：銷售區域成本分析 (sales territory cost analysis) 可以知道某一個地區的銷售成本，以做為整體銷售計劃調整的依據。
5. 新區域選擇分析：新區域選擇分析 (site selection analysis) 的目的是要選擇最值得擴展的新銷售區域，以擴大產品銷售的範圍。

	6. SMAGS 分析：SMAGS (sales margin as a percentage of gross sales) 是計算個別產品的獲利能力 (product profitability)，計算公式如下： SMAGS ＝ (銷售額 － 成本)／銷售額 7. 產品上市管制系統：詳細請參閱〈上市規劃〉。 8. 其他：其他適用的任何方法。
限制及假設	同類產品互蝕：新產品推出時間不當，與企業現有產品的互相侵蝕 (cannibalization)，會造成銷售評估的困難。
產出	1. 補強措施：如果銷售績效不如預期，那麼可能需要制定補強措施 (fall back plan) 或補救計劃 (workaround)，甚至是啟用備用方案 (contingency plan)，來改善銷售的績效。例如修改產品定位或行銷策略，加強產品的促銷活動，或是調整產品的售後服務方式等等。 2. 計劃修正：修正產品上市計劃、產品通路計劃或是產品廣告計劃。

研發管理專有名詞

Adoption Curve (採用曲線)

消費者或市場決定採用一個產品或技術的階段曲線。

Alpha Test (α 測試)

產品生產前的測試以找出和消除明顯的設計缺失。

Asynchronous Groupware (同步群體協同軟體)

可以協助人們以團隊方式工作，但是不用在同一時間工作的軟體。

Autonomous Team (自主團隊)

一個可以完全自主的工作團隊，目的是用以產生突破性的創新，又稱為老虎團隊。

Awareness (知道)

一種衡量目標市場客戶知道產品存在的比率，知道包括可以回想出品牌、認出品牌或記得產品特徵等。

Best Practice (最佳實務)

一種可以達成較高績效的方法、工具或技術。

Beta Test (β 測試)

產品生產前的外部實際測試，以找出產品在真實狀態下的可能缺失。

Brainstorming (腦力激盪)

一種用以發展產品構想的集體創意方法。

Brand (品牌)

一種和其他產品或服務可以做明顯區隔的產品名稱、設計、符號、或是其他特徵。法律上的正式名詞稱為商標 (trademark)。

Brand Development Index (品牌發展指標, BDI)
一種品牌相對好壞的衡量方式，它是某地區產品銷售量和總人口數的比值。

Business Case (專案源由)
說明專案為何應該或值得推動的文件，包括市場、技術和財務可行性的綜合結論。

Buyer Concentration (購買者集中)
購買力集中在少數購買者手中的程度。

Cannibalization (同類產品互蝕)
同一家公司的新產品從現有舊產品所搶到的市場銷售量。

Capacity Planning (研發產能規劃)
管理產品研發的流量以最佳化產品的研發組合。

Champion (產品鬥士)
協助產品研發完成並且成功上市的一個志願的非正式領導人。他的功能輕者提高產品機會的意識，重者排除研發的阻力和障礙，產品鬥士不一定需要負責產品開發的任何一部份，但是他卻可以協助產品跨過從技術發展到產品上市的死亡之谷 (valley of death)，它是指因為技術人員和行銷人員的專業背景及人格特質的不同，所造成在研發過程的鴻溝。

Collaborative Product Development (協同產品開發)
二家公司一起開發和推出產品。

Commercialization (上市)
新產品從發展到市場的過程。

Competitive Intelligence (競爭情報)
和企業競爭有關的所有資訊。

Computer-Aided Engineering (CAE) (電腦輔助工程)
使用電腦協助產品設計、分析和製造。

Computer-Aided Design (CAD) (電腦輔助設計)
使用電腦協助產品的設計。

Computer-Enhanced Creativity (電腦輔助創意)
使用電腦協助產品創意的記錄、回溯和重組。

Concept Statement (概念說明)
一個產品概念的口頭或是圖像描述，如果已經可以詳細說明所要解決的問題時，稱為產品設計規格。

Concurrent Engineering (同步工程)
在產品設計階段，就整合所有相關的單位，一起解決產品生命週期中的所有可能問題，也稱為並行工程。

Conjoint Analysis (連結性分析)
一種以問卷方式探索客戶對產品某項特性的價值判斷，從客戶願意花多少費用來購買具有某種特徵的產品，可以知道產品特性和產品價值的關聯程度。

Consumer (消費者)
消費者是企業產品或服務銷售對象的總稱，它可能是代表目前的客戶、對手的客戶、或是那些尚未購買，但是具有類似需求的人，只有部份的消費者會變成客戶。

Consumer Need (消費者需求)
消費者希望解決的問題，或消費者希望產品為他們提供的服務。

Contextual Inquiry (環境探索)
一種參與、觀察人們生活和環境的研究方式，是介於訪談和觀察的客戶需求研究方法，它是在實際環境中訪問和觀察產品的使用者，或是到客戶的工作場所，觀察客戶執行某個希望解決的問題，以了解客戶的產品需求。又稱為人群觀察法。

Core Competence (核心能力)

一家公司比其他公司做得更好因而產生競爭優勢的能力。

Crossing the Chasm (跨越鴻溝)

產品上市後銷售量由搶鮮客戶過渡到主流客戶的現象。

Customer (客戶)

購買或是使用產品或服務的人。

Customer Perceived Value (客戶認知價值)

客戶評估待選產品的價值和所需成本的綜合判斷結果。

Cycle Time (週期)

產品研發從構想產生到推出上市的時間。

Decline Stage (衰退階段)

產品生命週期的第四階段，產品銷售量在這個階段逐漸衰退，新的產品在市場上開始出現，大約 16% 的落後客戶在這個階段購買產品。

Demographic (人口變項)

人口統計的變項，包括性別、年齡、教育程度、已未婚等。

Design for the Environment (環境適應性設計)

在產品設計階段就考慮到如何在產品的整個生命週期，將產品對環境的傷害降到最低。也稱為產品生命週期分析。

Design for Excellence (產品卓越性設計)

在產品設計時全面性的考量產品的所有相關問題，包括可製造性、可靠度、維修性、組裝性等等。

Design Validation (設計驗證)

測試產品以確定產品或服務符合客戶需求。

Development (發展／開發)

把產品需求轉成實體產品的過程。

Digital Mock-Up (電腦模型)

產品的電腦三維模型。

Ethnography (人群觀察法)

一種參與、觀察人們生活和環境的研究方式，是介於訪談和觀察的客戶需求研究方法，它是在實際環境中訪問和觀察產品的使用者，或是到客戶的工作場所，觀察客戶執行某個希望解決的問題。以了解客戶的產品需求。

Failure Mode Effects Analysis (破壞模式與效應分析)

探討產品可能發生問題的方式，以及它們的可能後果，然後據以修正產品設計。主要在探討產品問題的發生機率、品管難以查覺的機率以及對客戶所造成的嚴重性。

Focus Groups (焦點團體)

以會議的方式，和 8 到個 12 客戶或使用者一起探討產品的某一個問題，以取得他們有關產品機會的回饋。

Function (功能)

產品或服務必須執行的工作以滿足客戶需求。

Fuzzy Front End (模糊前端)

產品研發剛開始時的產品概念階段的模糊現象。

Gamma Test (γ 測試)

一個理想的產品測試，產品符合客戶的所有需求時，稱為通過 γ 測試。

Gate (關卡)

產品研發時能否進入下一階段的管理決策點。

Growth Stage (成長階段)

產品生命週期的第二階段，產品在這個階段獲得更多的青睞，主要現象有銷售量的快速增加、既有客戶的重複購買、以及競爭者的出現。大約 13.5% 的早期少數客戶在這個階段購買產品。

Hunting for Hunting Grounds (尋找獵區)

在模擬前端階段尋找產品機會的方法。

Hunting Ground (獵區)

技術或市場的不連續性以致提供產品開發的機會。

Idea (構想)

新產品和新服務的最原始的胚芽狀態，它是一個為了創造機會或是解決問題的巨觀洞察。

Incremental Innovation (漸進式創新)

現有產品的局部改善。

Individual Depth Interviews (個人深度訪談)

由一個有經驗的引導者，以深度談話的方式引導訪談對象評論產品，這種方式可以對產品使用者的動機、購買行為、偏好以及期望有更深入的了解。

Industrial Design (工業設計)

在平衡產品功能、價值和外型下，去最佳化產品的設計。

Innovation Strategy (創新策略)

企業研發新技術或新產品的定位。

Intellectual Property (智慧財產權)

可以提供企業競爭優勢的資訊、知識、技術等。

Introduction Stage (上市階段)

產品生命週期的第一階段，產品在這個階段推出上市，主要重點在廣告宣傳，以獲得市場最高程度的注意，大約 2.5% 的搶鮮客戶會在這個階段購買產品。

Life Cycle Cost (生命週期成本)

取得、擁有和操作一個產品在可用狀況下的所有成本。

"M" Curve (M 曲線)
構想數量和時間的變化圖形。

Manufacturability (可製造性)
新產品可以在最低成本和最高可靠度之下生產的程度。

Market Research (市場調查)
探索客戶、競爭者以及市場的一種方法。

Market Segmentation (市場區隔)
把一個大而異質的市場，區分為幾個小而均質的市場。

Market Share (市場佔有率)
一個公司在某區域內的銷售量和市場總銷售量的比值。

Market Testing (市場測試)
產品正式上市前的市場接受度評估。

Maturity Stage (成熟階段)
產品生命週期的第三階段，產品在這個階段達到穩定狀態，因為銷售量不再顯著增加，而且開始有競爭者退出市場，大約 68% 的客戶，包括 34% 的早期多數客戶和 34% 的晚期多數客戶在這個階段購買產品。

Morphological Analysis (語意分析)
以矩陣的方式探討可能的產品功能組合。

Needs Statement (需求說明)
客戶需求和期望的說明。

New-to-the-World Product (世界性新產品)
新產品或服務未曾出現在市場。

Opportunity (機會)
企業「現有狀況」和「未來目標」之間的缺口，如果缺口填補或目標實現之後，可以為企業創造競爭優勢、解決問題、克服困難或是消除威脅。

Perceptual Mapping (認知地圖)

呈現市場所有同類產品在客戶心中地位的圖形。

Pipeline (流量)

排定的產品研發數量。

Pipeline Management (流量管理)

整合產品策略、專案管理和部門管理以最佳化產品研發活動的過程。

Platform Product (平台產品)

共用同一個平台的產品家族。

Platform Roadmap (平台途程)

呈現目前及規劃中的不同世代產品的架構和特性的時程圖。

Portfolio Management (組合管理)

在有限的資源下，找出一組最值得投資的產品，讓企業的整體綜合效益最大。

Product Approval Committee (產品審核委員會)

階段關卡程序中，負責產品研發流程決策的一組管理人員。

Product Innovation Charter (產品研發授權書)

說明產品研發專案的 who, what, where, when, 和 why 的一個文件。

Product Life Cycle (產品生命週期)

產品從上市、成長、成熟和衰退的過程。

Product Line (產品線)

一家公司在一個市場所推出的一組產品。

Prototype (產品原型)

新產品概念的實體模型。

Psychographics (人格變項)

說明消費者特徵的變項，例如態度、興趣、意見、生活型態等。

Quality Function Deployment (品質機能展開)
將客戶需求轉成產品規格或製程參數的一種矩陣方法。

Radical Innovation (激進式創新)
新產品以新的技術改變市場的消費行為和使用模式。

Rapid Prototyping (快速原型製作)
任何可以在數小時或數天內快速製作產品模型的方法，它可以快速檢驗產品的技術可行性和客戶的購買意願。快速原型製作通常不能進行性能測試。

Robust Design (穩健性設計)
將產品設計成對環境的變化不具敏感性。

Scenario Analysis (情境分析)
預想多個不同的未來願景，而每一個願景又可以點出不同的可能機會。然後據以制定策略來實現未來的機會或是應付未來的挑戰。

Stage (階段)
產品研發流程中的所有步驟。

Stage-Gate Process (階段關卡程序)
由前後階段和階段間管理決策點所組成的產品研發流程。

Technology Road Map (技術途程)
呈現技術發展和演進的時程圖。

Technology Stage Gate (TSG) (技術關卡程序)
管理具有不確定性和風險的技術研發流程。

User (使用者)
使用產品或服務的人，不管他 (她) 是不是產品或服務的購買者。

Value Analysis (價值分析)
分析產品設計以達到使用最低成本滿足客戶品質需求的技術。

Value Proposition (價值訴求)

說明產品概念如何為客戶帶來價值。

五南圖解財經商管系列

※ 最有系統的圖解財經工具書。

※ 一單元一概念，精簡扼要傳授財經必備知識。

※ 超越傳統書藉，結合實務精華理論，提升就業競爭力，與時俱進。

※ 內容完整，架構清晰，圖文並茂·容易理解·快速吸收。

圖解企劃案撰寫
／戴國良

圖解企業管理(MBA學)
／戴國良

圖解企業危機管理
／朱延智

圖解行銷學
／戴國良

圖解策略管理
／戴國良

圖解管理學
／戴國良

圖解經濟學
／伍忠賢

圖解國貿實務
／李淑茹

圖解會計學
／趙敏希
馬嘉應教授審定

圖解作業研究
／趙元和、趙英宏、
趙敏希

圖解人力資源管理
／戴國良

圖解財務管理
／戴國良

圖解領導學
／戴國良

國家圖書館出版品預行編目資料

研發專案管理知識體系／魏秋建著. ——初版.
——臺北市：五南, 2013.07
面； 公分
ISBN 978-957-11-7199-9 (平裝)
1.專案管理
494 102013152

1FT2

研發專案管理知識體系

作　　者 — 魏秋建
發 行 人 — 楊榮川
總 編 輯 — 王翠華
主　　編 — 張毓芬
責任編輯 — 侯家嵐
文字校對 — 陳欣欣
封面設計 — 盧盈良
排版設計 — 張淑貞
出 版 者 — 五南圖書出版股份有限公司
地　　址：106台北市大安區和平東路二段339號4樓
電　　話：(02)2705-5066　　傳　　真：(02)2706-6100
網　　址：http://www.wunan.com.tw
電子郵件：wunan@wunan.com.tw
劃撥帳號：01068953
戶　　名：五南圖書出版股份有限公司
台中市駐區辦公室/台中市中區中山路6號
電　　話：(04)2223-0891　　傳　　真：(04)2223-3549
高雄市駐區辦公室/高雄市新興區中山一路290號
電　　話：(07)2358-702　　傳　　真：(07)2350-236
法律顧問　林勝安律師事務所　林勝安律師
出版日期　2013年7月初版一刷
定　　價　新臺幣200元

凝煉知識品味閱讀

凝煉知識品味閱讀